Die Erkennung der Feld-, Wiesen- und Weide-Ungräser unter Berücksichtigung ihrer Blütenstände

Zum Gebrauch für berufstätige Landwirte bearbeitet

von

Dr. M. Hollrung

a. o. Professor am Institut für Pflanzenbau der
Universität Halle a. S.

Mit 69 Textabbildungen

Berlin
Verlag von Julius Springer
1930

Sonderabdruck aus
Wissenschaftliches Archiv für Landwirtschaft
Abteilung A Pflanzenbau
2. Band. 4. Heft

ISBN-13: 978-3-642-89874-7 e-ISBN-13: 978-3-642-91731-8
DOI: 10.1007/978-3-642-91731-8

Inhaltsverzeichnis.

Bei dem Unternehmen, den studierenden Landwirten die Kenntnis der Ungräser zu vermitteln, konnte wiederholt die Wahrnehmung gemacht werden, daß die üblichen Bestimmungsschlüssel für Gräser ihren Dienst versagen, weil sie botanische Merkmale verwenden, deren Ermittelung selbst dem mit botanischen Kenntnissen ausgerüsteten Landwirte Schwierigkeiten bereitet. Als Belag hierfür seien nur die beiden Gattungen Festuca und Bromus herausgezogen. Ein viel verwendeter Schlüssel gibt als Unterscheidungsmerkmale für die beiden Gattungen an:

	Festuca	Bromus
Spelzenbegrannung . . .	*an* der Spitze oder fehlend	*unter* der Spitze od. fehl.
Narbe	einfach federig	einfach federig
Ursprungsort der Narbe	*aus* der Spitze des Fruchtknotens	*unterhalb* der Spitze des Fruchtknotens.

Das sind Merkmale, welche sich für landwirtschaftliche Verwendung sehr wenig eignen. Ob *an* oder ob ein wenig *unter* der Spitze Grannenablauf vorliegt, läßt sich häufig genug nicht deutlich erkennen. Noch schwieriger ist die Feststellung des Ursprungsortes der Narbenäste selbst bei Zuhilfenahme von Lupe und Mikroskop. Demgegenüber verursacht die Auseinanderhaltung der beiden Gattungen an der Hand ihrer Blütenstände keinerlei Schwierigkeiten. Bromus weist am oberen Ende des Blütenstandes allerhöchstens 4 Einzelährchen, Festuca dahingegen üblicherweise *mehr* als 4 Einzelährchen auf. Die Zahl der seitlichen Abästungen im Blütenstand beträgt bei Festuca auf keiner Stufe mehr als 2, bei Bromus auf den unteren Stufen immer *mehr* als 2. Hierzu einige Zahlenbelege.

Einzelährchen am oberen Blütenstandsende:

		1	2	3	4	5	6	7	8	9	10[1]
Festuca elatior	(34 Pflanzen)	0	0	0	4	10	7	12	1	0	0
„ gigantea	(50 „)	0	0	1	9	40	0	0	0	0	0
„ duriuscula	(50 „)	0	0	0	0	1	6	20	7	14	2
„ glauca	(16 „)	0	0	0	0	2	1	10	3	0	0
„ myuros	(39 „)	0	0	0	0	0	4	23	12	0	0
„ ovina	(60 „)	0	5	0	5	1	5	14	24	11	0
„ rubra	(75 „)	0	1	0	1	3	13	24	25	8	1
dagegen:											
Bromus arvensis	(8 Pflanzen)	0	4	3	1	0	0	0	0	0	0
„ asper	(80 „)	0	13	58	9	0	0	0	0	0	0
„ erectus	(59 „)	0	9	45	5	0	0	0	0	0	0
„ inermis	(50 „)	0	14	35	1	0	0	0	0	0	0
„ mollis	(18 „)	1	13	3	1	0	0	0	0	0	0
„ racemosus	(59 „)	1	39	18	1	0	0	0	0	0	0
„ secalinus	(50 „)	0	27	22	1	0	0	0	0	0	0
„ sterilis	(68 „)	3	37	27	1	0	0	0	0	0	0
„ tectorum	(7 „)	1	7	0	0	0	0	0	0	0	0

[1] Gelegentlich auch 15, 16, ja 18.

in v. H. ausgedrückt:	Bromus	Festuca
Einzelährchen zu 2 oder 3	93,5 v. H.	0,3 v. H.
„ 5 bis 10	0,0	93,8

Im übrigen sind noch die weiter unten aufgestellten Blütenstanddiagramme zu vergleichen.

Die Vernachlässigung der Merkmale, welche sich aus dem Blütenstand der Gräser heraus ergeben, ist eine ganz auffallende. Es besteht eine Neigung, die Gräser ziemlich wahllos als *Rispen*träger anzusprechen. *Wünsche* in seiner Schulflora von Sachsen stellt von 40 und *Strecker* von 42 Gattungen 24 zu den Rispengräsern. *Sturms* Flora schreibt von Panicum (Echinochloa) crus galli und ebenso von Panicum miliaceum „rispig oder eine ausgebreitete Rispe bildend," obwohl doch die Blütenstände der beiden Gräser, schon für einen Laien erkennbar, ganz verschiedener Art sind. Eine ganz vortreffliche Abhandlung von den Gräsern der Umgebung Hamburgs bezeichnet nicht nur den Blütenstand von Agrostis alba (stolonifera) als Rispe, sondern auch den von Alopecurus, Phleum, Echinochloa, Setaria glauca, Panicum sanguinale usw. Den Gipfel des Ungereimten erreicht aber wohl *Panzer* in seiner Verdeutschung des 12. Teiles von Linnes Pflanzensystem, 14. Aufl. auf S. 440, indem er von der Traubentrespe, Bromus racemosus, sagt: „Die Rispe besteht aus einer einfachen Traube."

Die Gepflogenheit, alles, was nicht Ähre oder Scheinähre ist, als Rispe anzusprechen, hat namentlich für den Landwirt viel Mißliches, denn gerade die sog. Rispengräser sind es, welche ihm die größten Schwierigkeiten bei der Ermittelung ihrer Zugehörigkeit bereiten.

Durch die nachfolgenden Ausführungen soll der Beweis erbracht werden, daß diese Schwierigkeiten in der Mehrzahl der Fälle durch eine ausgiebigere Verwendung der Blütenstände behoben werden können. Zu diesem Behufe wurde eine strengere Sichtung der Gräserblütenstände vorgenommen. Neu eingeführt wurde die *zusammengesetzte* oder *Doppeltraube*, die *Ährentraube*, die *Scheinährentraube* und die *echte Rispe*. Die *Fingerähre* erhielt eine schärfere Umschreibung, die *unterbrochene Ähre* eine stärkere Berücksichtigung. An der Hand von mehr als 2000 Einzelaufnahmen sind zum 1. Male die den Trauben- und Rispengräsern zuzuzählenden Grasarten durch Blütenstandsdiagramme[1] für das Auge greifbar vorgeführt worden. Das Hauptgewicht ist dabei auf die Ungräser gelegt worden. Die Getreidearten haben nur nebenher Berücksichtigung gefunden.

Die Hilfsmittel zur Erkennung der Ungräser.

Zusammen mit den Sauergräsern (Cyperaceae) bilden die Süßgräser (Gramineae), gewöhnlich kurzhin „Gräser" genannt, die Pflanzenord-

[1] Wo nichts anderes vermerkt ist, bilden die vorgeführten Blütenstandsdiagramme eine Auswahl aus mindestens 50 Einzelaufnahmen des betreffenden Grases.

nung der Spelzblütigen (Glumaceae), deren wesentliche Eigentümlichkeit darin zu suchen ist, daß bei ihnen an die Stelle von blattartigen Blütenhüllen spelzenförmige getreten sind.

Die Sauergräser bestehen ausschließlich, die Süßgräser zum Teil aus Ungräsern oder doch aus Gewächsen, welche dem Landwirte keinerlei Nutzen bringen.

Die *Sauergräser* sind erkennbar an:

1. dem dreikantigen Stengel,
2. dem Fehlen von Stengelknoten,
3. der Ausfüllung des Halminnern mit Markzellen,
4. dem Fehlen von Ährchenspelzen,
5. dem Vorhandensein von nur einer Blütenpelze,
6. den walzigen mit dem unteren Ende dem Staubfaden angehefteten Beuteln,
7. der ein einsamiges Nüßchen bildenden Frucht.

Demgegenüber sind Merkmale der *Süßgräser*:

1. ein gerundeter, keinesfalls scharfkantiger Stengel,
2. ein mit Knoten versehener Stengel,
3. ein zum mindesten in seinen oberen Teilen hohler Halm,
4. das Vorhandensein von zwei Blüten- und zwei Ährchenspelzen,
5. an beiden Enden tiefeingebuchtete Staubbeutel, welche mit ihrem mittleren Teile dem Faden aufsitzen,
6. eine Schalfrucht (Caryopse).

Während die Blattscheiden bei den Sauergräsern immer geschlossen sind, bleibt diese Eigentümlichkeit bei den Süßgräsern auf einige wenige Gattungen beschränkt.

Merkmale zur *Erkennung* der Gräser sind:

1. die Form der Blüten,
2. die Art ihrer Begrannung,
3. die Zeit des Blühens,
4. die Gestalt der Ährchen,
5. die Zahl der Blüten im Ährchen.
6. die Größe der Ährchen,
7. die Behaarung der Ährchen,
8. Form und Länge der Ährchenspelzen,
9. die Eigenart des Blütenstandes,
10. die Ährchenzahl bei traubigen und rispigen Blütenständen,
11. die Anordnung der Ährchen an den Seitenästen,
12. die Haltung der Traube oder Rispe,
13. das Verhalten vor, während und nach dem Blühen,
14. die Beschaffenheit der Blätter,
15. die Blattscheide,
16. die Form des Blatthäutchens,
17. das Fehlen oder Vorhandensein von Seitenschossen,
18. die Art der Bestockung,
19. der Standort
20. die Häufigkeit des Vorkommens,
21. die Behaftung mit bestimmten Erkrankungen.

Verschiedene dieser Behelfe besitzen nur bedingten, andere, wie einjährig, ausdauernd, gar keinen Wert namentlich dann, wenn es sich um Herbarmaterial handelt.

Die Gräserblüte.

Sie besteht in der Regel aus einem einfächerigen, immer oberständigen, mit 2 Narbenästen versehenen Fruchtknoten, 3 Staubgefäßen und 2 Spelzen. Fruchtknoten und Narben bieten im allgemeinen keine hinlänglich bequemen Anhalte für die Bestimmung. In einzelnen Fällen, so beim Geruchgras (Anthoxanthum) und beim Pfriemengras (Nardus) findet die ungewöhnliche Länge der beim und nach dem Blühen aus der Blüte heraushängenden Narbenäste Verwendung. Die u. a. auch herangezogene Quastenform der Narben läßt sich nicht immer mit voller Sicherheit erkennen. Das Nämliche gilt für das botanische Unterscheidungsmerkmal der Gattungen Bromus und Festuca, auf welches schon weiter oben hingewiesen wurde.

Nur ein Staubgefäß besitzen Festuca myuros und F. bromoides, nur 2 Anthoxanthum und Hierochloa, nur 1 Narbe hat Nardus.

Von den beiden Blütenspelzen wird die zartere, häutige, immer unbegrannte auch als Vorspelze, die äußere, derbere, am oberen Ende je nachdem begrannte, zugespitzte, 2- oder 3zipfelige als äußere Blütenspelze bezeichnet. Namentlich die Letztere liefert eine Reihe von Anhalten zur Gräserbestimmung, in 1. Linie durch die vorhandenen oder fehlenden Grannen. In Deutschland verbreitete Gräser, welche der Blütenbegrannung entbehren, sind: Agropyrum repens, Agrostis stolonifera und A. vulgaris, das Zittergras Briza, das Quellgras Catabrosa, die Fingerhirse Digitaria, das Rohrglanzglas Digraphis, die Hühnerhirse Echinochloa, das Schwadengras Glyceria, das deutsche Weidelgras Lolium perenne, der Ackerlolch Lolium arvense, das Perlgras Melica, das Flattergras Milium, das Lieschgras Phleum, das Rispengras Poa, die Borstenhirse Setaria und der Dreizahn Triodia. Allein schon durch die ungewöhnlich langen (bis 30 cm) Grannen ist das Pfriemengras Stipa gegenüber allen anderen Gräsern hinlänglich gekennzeichnet. Ausgangspunkt der Grannen ist entweder der Spelzengrund oder der Rücken oder die Spitze. Weiter können die Grannen borstig und gerade, korkzieherartig gewunden, gekniet oder sichelartig gekrümmt, bezähnt, kurz oder lang usw. sein.

Vollkommen ausgebildete Gräserblüten sind zwitterig. Neben solchen finden sich aber auch Blüten vor, welche nur Staubgefäße oder nur einen Fruchtknoten enthalten. Sie sind naturgemäß unfruchtbar.

Das Ährchen.

Grundlage des Gräserblütenstandes ist das *Ährchen.* Ein solches setzt sich in der Regel zusammen aus einer mehr oder weniger großen

Anzahl von übereinanderstehenden Blüten und 2 sich gegenüberstehenden, letztere umschließenden kahn- oder löffelförmigen Hüllblättern, den sog. *Ärchenspelzen.* Je nachdem werden die Blüten von den Ährchenspelzen vollkommen oder nur z. T. eingehüllt. Die Ährchen können gestielt oder sitzend sein. Die einzelnen Blütchen sitzen ungestielt an einer *Ährchen*spindel.

Bei der Reife pflegt die Ährchenspindel in Stücke zu zerfallen derart, daß auf jeder Blüte das über ihr befindliche Stück der Ährchenspindel haften bleibt. Dieser Rest der Ährchenspindel dient vielfach zur Erkennung des betreffenden Grases. So deutet u. a. das Vorhandensein eines solchen Restes auf Mehrblütigkeit hin.

Es ist üblich, auch die einzeln bleibenden Gräserblüten — unzutreffenderweise — als Ährchen zu bezeichnen und demgemäß von 1-, 2-, 3- und mehrblütigen Ährchen zu sprechen. Die Blütenzahl bildet ein wesentliches und dabei sehr bequemes Unterscheidungsmerkmal. Einblütige Ährchen besitzen unter den in Deutschland häufiger anzutreffenden Gräsern: Agrostis (einschl. Apera) Alopecurus, Ammophila, Andropogon, Anthoxanthum, Calamagrostis, zumeist auch Elymus europaeus, ferner Digitaria, Digraphis, Echinochloa, Hordeum, Melica uniflora, Milium, Nardus, Panicum, Phleum, Setaria, Stipa. Zweiblütige Ährchen haben: Aira, Avena z. T., Catabrosa, Corynephorus, Elymus europaeus zumeist, Holcus, Secale, Melica nutans und M. ciliata, Sesleria. Mit 3 Blüten im Ährchen sind versehen: Avena fatua, Elymus arenarius zumeist, Hierochloa, Trisetum. Zur Feststellung der in einem Ährchen enthaltenen Anzahl von Blüten bietet die Begrannung, wo eine solche vorhanden ist, eine gute Handhabe, indem die Blütenzahl die gleiche ist wie die Grannenzahl. Das unterste Blütchen eines jeden Ährchens wird von 2 besonderen Spelzen eingefaßt. In den einschlägigen Bestimmungshilfen werden diese bald als Hüll- bald als Deckspelzen bezeichnet. Um jedweder Verwirrung aus dem Wege zu gehen, werden im Nachfolgenden die unmittelbar unter dem Fruchtknoten stehenden Spelzen als *Blütenspelzen* (Paleae) die am Grunde eines Ährchens sitzenden als *Ährchen*spelzen (Glumae) auseinandergehalten.

Im allgemeinen pflegen die Blütenspelzen in ihrer Gestalt mit den Ährchenspelzen übereinzustimmen, nur tragen letztere in der Regel keine Grannen. Anthoxanthum, Echinochloa, Elymus europaeus, Phleum machen eine Ausnahme hiervon.

Die Anzahl der Ährchenspelzen beträgt üblicherweise 2. Nardus stricta, das Borstengras, besitzt aber gar keine, und Lolium nur eine. Dafür pflegt bei den Hirsearten und bei Digraphis noch eine 3. und sehr kleine Ährchenspelze vorhanden zu sein.

Im Weiteren unterscheiden sich die Ährchen noch durch ihre Größe, Form und Einordnung in den Blütenstand. Die Größe schwankt ganz erheblich. Glyceria fluitans, das flutende Süßgras und Brachypodium, die Zwenke, haben Ährchen von etwa 20 mm Länge, während letztere bei Milium, dem Flattergras, nur 2 mm erreichen. Ganz im allgemeinen sind Gräser mit sehr kleinen Ährchen: Agrostis, Aira, Alopecurus, Catabrosa, Corynephorus, Cynosurus, Dactylis, Digitaria, Digraphis, Echinochloa, Molinia, Poa, Setaria, Trisetum. Große Ährchenformen finden sich vor bei Agropyrum, Avena, Brachypodium, Bromus, Elymus, Glyceria (fluitans), Lolium.

Die Gestalt der Ährchen ist herzförmig gedrungen (Briza, Zittergras), eiförmig (Melica, Perlgras), langgestreckt walzig (Glyceria fluitans, Bromus inermis), spindelförmig (Bromus mollis), spachtelförmig (Bromus sterilis), schmal lanzettlich (Phragmites, Calamagrostis).

Manchen Ährchen ist eigentümlich, sich eng an die Spindel anzuschmiegen, anderen, weit davon abzuspreizen.

Als Bestimmungshilfe dient auch das Verhältnis zwischen Ährchenspelzen- und Ährchenlänge. Für die Hafergräser ist es kennzeichnend, daß ihre Ährchenspelzen mindestens ebenso lang sind wie die Ährchen, letztere also von ersteren vollkommen eingehüllt werden. Demgegenüber sind bei den Schwingelgräsern die Ährchenspelzen kürzer als das Ährchen. Letzteres bleibt also mehr oder weniger unbedeckt.

Der Blütenstand.

Die Anordnung der Ährchen zu Blütenständen liefert gute Gattungs- und Artenkennzeichen. Bisher war es fast allgemein üblich, die nachfolgenden Arten von Blütenständen bei den Gräsern zu unterscheiden: Ähre, Scheinähre, Fingerähre, Rispe.

Dieser Einteilung haftet der Übelstand an, daß nahezu die Hälfte aller Gräsergattungen und mehr als die Hälfte der Gräserarten den Rispengräsern zufällt. Gerade die Bestimmung der sog. Rispengräser bereitet daher nicht selten Schwierigkeiten. Diese lassen sich wesentlich herabmindern durch eine anderweitige schärfere Kennzeichnung der Gräserblütenstände und namentlich durch Einführung der „zusammengesetzten Traube“ als Ersatz für Blütenstände, die bisher den rispigen zugeteilt worden sind.

Nur mit einem einzigen Ährchen ausgestattete Gräser gibt es nicht, immer tritt eine kleinere oder größere Anzahl (5 bis zu 4000) Ährchen zu einem Blütenstande zusammen. Wenn es nun auch zutrifft, daß die Blütenstände der Gräser unter dem Einfluß der Ernährungsweise in dem Ausmaße ihrer Ausbildung abändern, so bleiben sie doch ein Merkmal, welches bei vorsichtiger und sachkundiger Verwendung recht brauchbare Dienste leistet. Zu einer „vorsichtigen Verwendung“ gehört, daß der Bestimmer sein Urteil nicht lediglich auf die Untersuchung einer *einzigen* Pflanze gründet, sondern durch Prüfung einer Mehrzahl von Artgenossen verschiedener Ausbildungsstärke sicher stellt. Es gehört weiter dazu, daß Rücksicht genommen wird auf die häufig kümmerhafte Ausbildung der untersten Stufe bei gemischten Blütenständen (s. w. u.). Für letztere ist die Beschaffenheit der 2. Stufe maßgebend. Bei aller Vorsicht können aber Fälle eintreten, in denen es schwierig ist, eine sichere Entscheidung über die Art des Blütenstandes zu finden. Hierauf ist in dem weiter unten folgenden Schlüssel Rücksicht genommen worden.

Die Blütenstände der Gräser lassen sich in 2 Gruppen zerlegen: in die *einheitlichen* (homogenen) und in die *gemischten* (heterogenen). Kennzeichen der ersteren ist, daß ihre Einzelteile nach Form und Art auf allen Stufen unter sich gleich sind. Im Zusammenhang hiermit kommt den einheitlichen Blütenständen im großen und ganzen Walzenform zu. Gemischt ist ein Blütenstand dann, wenn seine unteren Stufen Bestandteile von anderer Art aufweisen als die oberen. Die Einteilung der Gräserblütenstände kann in der nachstehenden Weise erfolgen:

Gruppe 1: einheitliche Blütenstände,
- einfache, geschlossene *Ähre*,
- einfache, *unterbrochene Ähre*,
- zusammengesetzte, seitenästige Ähre als *Ährentraube* und *Fingerähre*,
- einfache (hauptachsige) *Scheinähre*,
- zusammengesetzte, *nebenästige Scheinähre*,
- *einfache Traube*.

Gruppe 2: gemischte Blütenstände,
- *zusammengesetzte Traube*,
- echte *Rispe*.

Alle Gräserblütenstände lassen sich herleiten aus der Traube (im botanischen Sinne).

Die *einfache Traube*. (Für die Benennung eines Gräserblütenstandes ist ausschlaggebend die 2. Stufe von unten herauf. Die unterste Stufe eignet sich nicht dazu, weil sie häufig genug kümmerhaft ausgebildet ist!) Sie besteht aus einer einheitlichen, sich durch fortgesetztes Spitzenwachstum verlängernden Blütenstandsachse, die als Monopodium und bei den Gräsern im besonderen als Spindel bezeichnet wird. Aus letzterer gehen in stufiger Anordnung Abzweigungen (Stiele) 1. *Ordnung* hervor, welche etwa die Länge der zugehörigen Ährchen besitzen und an ihrem Ende ein einziges Ährchen tragen (Abb. 1). Die einfache Traube kann auf jeder Stufe der Spindel nur einen einzigen Seitenast oder auch zwei und mehr Seitenäste entlassen, also *ein-*, *zwei-* oder *mehrästig* sein (Abb. 1 u. 2). Das Wesen als einfache Traube wird dadurch nicht berührt.

Gräser mit einfacher, einästiger Traube sind in Deutschland sehr selten. Sie finden sich vor beim Bastard-Schwingel, Festuca loliacea, gelegentlich auch beim Wiesenhafer, Avena pratensis. Gräser mit mehrästiger, einfacher Traube sind schon häufiger. Beim Flaumhafer Avena pubescens bildet sie die Regel, wie z. B.:

Stufe von unten auf	Äste 1. Ordnung	Ährchen
10.	1	1
9.	1	1
8.	1	1
7.	2	1
6.	2	1
5.	2	1
4.	3	1
3.	4	1
2.	5	1
1.	4	1

Der racemöse Blütenstand hat bei den Gräsern nach 3 Richtungen hin eine Abänderung erfahren und zwar 1. einen Abbau, 2. einen Ausbau, 3. einen Abbau und zugleich einen Ausbau.

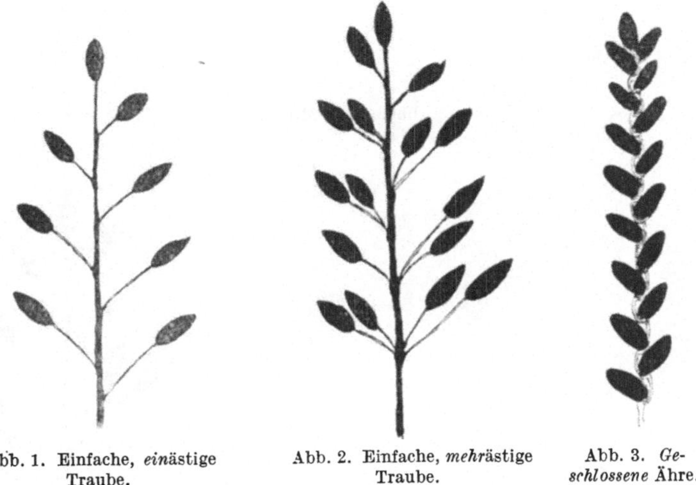

Abb. 1. Einfache, *ein*ästige Traube. Abb. 2. Einfache, *mehr*ästige Traube. Abb. 3. *Geschlossene* Ähre.

Der *Abbau* besteht in einem weitgehenden Schwund der Ährchenbestielung. Ist der Schwund ein vollkommener und zugleich verbunden mit der Ausbildung von Einkerbungen für die sitzenden Ährchen an der Spindel (Abb. 3), so liegt eine *Ähre* vor. Sie ist eine *geschlossene*, wenn die Ährchen so dicht aneinander gedrängt stehen, daß die Blütenstandsachse vollkommen von ihnen verdeckt wird. Sie ist eine *unterbrochene*, wenn die Ährchen soviel Abstand zwischen sich belassen, daß die Spindel größtenteils sichtbar bleibt (Abb. 4). Muster einer echten, geschlossenen Ähre ist die Mäusegerste, Hordeum murimum, Muster einer unterbrochenen Ähre der Hundsweizen, Agropyrum caninum. Echte Ähren gelangen in der Regel nur an der Hauptachse zur Ausbildung. Das gemeine Bartgras, Andropogon ischaemon, und der Hundszahn, Cynodon dactylon, machen eine Ausnahme, indem bei ihnen die Ährenbildung auf Seitenzweige 1. Ordnung verlegt ist. Erstgenanntes Gras trägt Seitenäste in Stufen nach

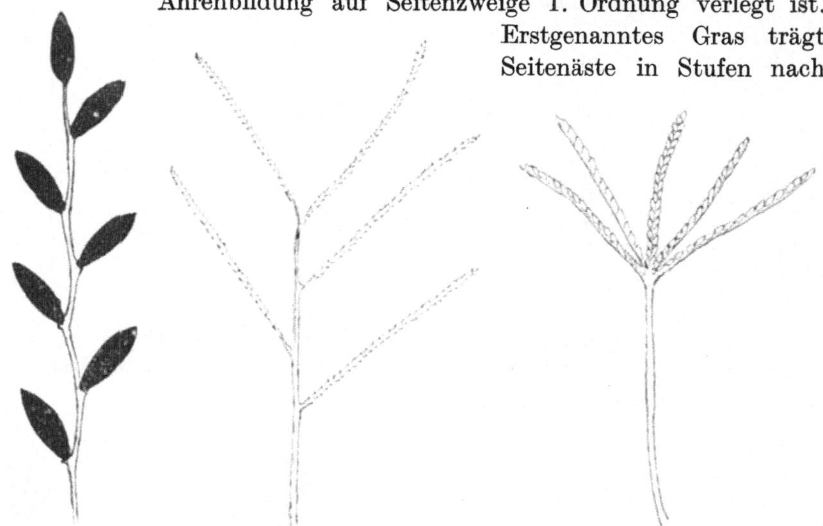

Abb. 4. *Unterbrochene* Ähre.

Abb. 5. Ährentraube.

Abb. 6. Echte Fingerähre.

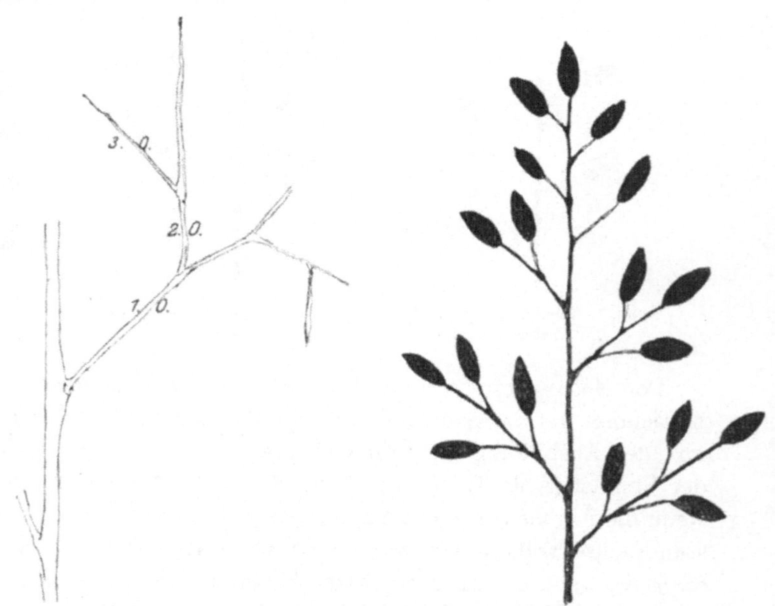

Abb. 7. Abzweigung 1., 2. und 3. Ordnung.

Abb. 8. Zusammengesetzte Traube (Doppeltraube), *einästig*.

Art einer einfachen Traube würde deshalb als *Ährentraube* (Abb. 5) anzusprechen sein, beim Hundszahn sind alle Seitenäste an das Ende der Blütenstandsachse in fingerförmiger Anordnung zusammengerückt (Abb. 6), weshalb in diesem Falle eine *echte Fingerähre* vorliegt.

Der *Ausbau* der einfachen Traube kann nach 2 Richtungen hin erfolgt sein. Wenn die mehr oder weniger langen Seitenzweige 1. Ordnung ihrerseits wiederum ganz nach Art einer einfachen Traube ausgebildet sind, wenn also die Abästungen von der Hauptasche nicht über Seitenzweige 2. Ordnung hinausgehen (Abb. 7 u. 8), dann liegt eine *zusammengesetzte Traube* oder *Doppeltraube* vor. Eine solche ist als ein Seitenstück zur zusammengesetzten Dolde anzusehen, bei welcher ja die Blüten auch auf den Seitenästen 2. Ordnung ihren Sitz haben. Die zusammengesetzten Trauben, welche ein- oder mehrästig sein können (Abb. 9) sind bisher mit den Rispen zusammengeworfen worden. Wie die einfachen, so pflegen auch die zusammengesetzten verhältnismäßig wenig Ährchen im Blütenstand aufzuweisen. Ein Beispiel hierfür ist das flutende Süßgras, Glyceria fluitans, welches bei einer zwischen 31 und 56 cm schwankenden Länge des Blütenstandes und 11—16 Stufen höchstens mit 100 Ährchen besetzt ist. Auch der Schafschwingel, Festuca ovina, bildet eine (einästige) zusammengesetzte Traube von sehr beschränkter Ährchenzahl, nämlich:

Abb. 9. Zusammengesetzte Traube, *mehr*ästig.

Stufe von unten auf	Ästezahl	Ährchenzahl
10.	1	1
9.	1	1
8.	1	1
7.	1	1
6.	1	1
5.	1	1
4.	1	1
3.	1	3
2.	1	4
1.	1	7
	zusammen	21

Der Ausbau der einfachen Traube über die Doppeltraube hinaus in der Weise, daß Seitenäste 3. und höherer Ordnung zur Entstehung gelangen führt zur *echten Rispe* (Abb. 7 u. 10). Eng verbunden mit dieser Ausbildungsform ist ein großer Ährchenreichtum des Blütenstandes und eine merkliche Verringerung der Ährchengröße. Die Übersichtlichkeit des Blütenstandes, welche bei der Doppeltraube noch eine gute ist, geht mitunter gänzlich verloren. Der Windhalm, Agrostis spica venti, die Rasenschmele, Aira caespitosa, sind Beispiele hierfür. Gleich der Traube kann die Rispe eine ein- zwei- oder mehrästige sein. Für viele Rispengräser liegt hierin ein gutes Erkennungsmerkmal. So ist einästig das

Abb. 10. Echte Rispe.

Knauelgras, Dactylis, zweiästig die Waldschmele, Aira flexuosa, mehrästig das Wiesenrispengras, Poa pratensis.

Es sind sonach vorhanden Abästungen

nur 1. Ordnung	1.	= einfache Traube,
1. und 2. Ordnung	1. 2.	= Doppeltraube,
1., 2. und 3. (und höherer) Ordnung	1. 2. 3.	= echte Rispe.

Ausbau im Verein mit *Abbau.*

Neben dem Ausbau zur Doppeltraube oder Rispe kann die einfache Traube auch gleichzeitig einem Abbau unterliegen, der sich als weitgehende Verkürzung — nicht vollkommener Schwund! — der Ährchenbestielung und der Stufen an der Spindel kund gibt. Es entstehen auf diesem Wege Gebilde, welche an eine Ähre erinnern ohne ein solche zu sein. Blütenstände dieser Art haben die Bezeichnung *Scheinähre* erhalten. Beschränkung derartiger Bildungen auf die Hauptachse ergibt die *einfache* oder *hauptachsige Scheinähre* ihre Verlegung auf Abästungen 1. Ordnung die *zusammengesetzte* oder *seitenästige Scheinähre* (Scheinährentraube). Dem Ursprunge nach können die Scheinähren aus einer Traube oder einer Rispe hervorgegangen sein, weshalb für Bestimmungszwecke *traubige* und *rispige* Scheinähren zu unterscheiden sind. Das Wiesenlieschgras, Phleum pratense, besitzt eine traubige, einfache, der Fuchsschwanz, Alopecurus pratensis, eine rispige, einfache Scheinähre (Abb. 11 u. 12). Eine *zusammengesetzte* Scheinähre (Scheinährentraube) traubigen Ursprunges liegt vor in der Bluthirse, Digitaria sanguinalis, eine rispige in der Hühnerhirse, Echinochloa (Abb. 13).

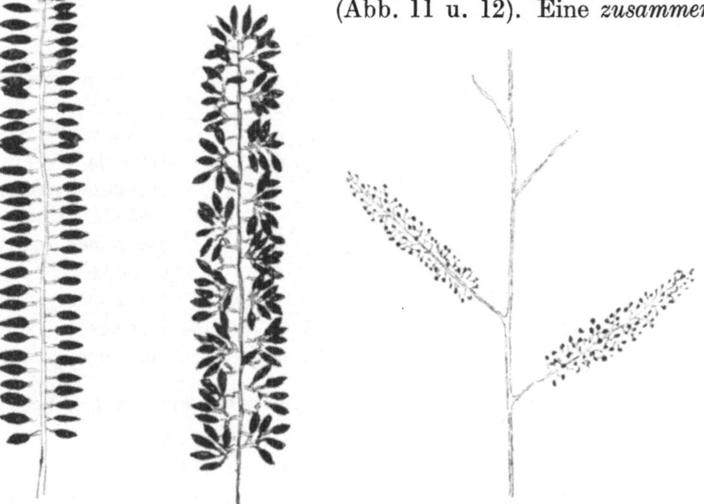

Abb. 11. Einfache Scheinähre *traubiger* Herkunft.

Abb. 12. Einfache Scheinähre *rispiger* Herkunft.

Abb. 13. Seitenästige Scheinähren (Scheinährentraube).

Den *gemischten* Blütenständen, also der Doppeltraube und der echten Rispe, ist es eigentümlich, daß sie niemals vom Grund des Blütenstandes auf bis zu seiner Spitze aus Einzelteilen der gleichen Art bestehen vielmehr immer mit einfacher Traube abschließen. Bei der echten Rispe pflegt sehr oft der nachstehende Aufbau vorhanden zu sein: oben: einfache einästige Traube, mitten: zusammengesetzte Traube, unten: echte Rispe.

Mit dieser Aufbauweise hängt es zusammen, daß die gemischten Blütenstände mehr oder weniger ausgeprägt *Pyramidenform* zeigen. Der Wiesenschwingel, Festuca elatior, wird allgemein unter die Rispengräser gestellt, gehört indessen zur Gruppe der zusammengesetzten Trauben, wie aus dem nachfolgenden Muster hervorgeht:

Stufe	Äste	Ährchen	
14.	1	o	einfache Traube
13.	1	o	„ „
12.	1	o	„ „
11.	1	o	„ „
10.	1	o	„ „
9.	1	o	„ „
	1	o	„ „
8.	1	o	„ „
	1	o	„ „
7.	1	o	„ „
	1	o	„ „
6.	1	ooo	zusammengesetzte Traube
	1	o	einfache „
5.	1	ooo	zusammengesetzte „
	1	o	einfache „
4.	1	ooo	zusammengesetzte „
	1	o	einfache „
3.	1	oooo	zusammengesetzte „
	1	o	einfache „
2.	1	oooo	zusammengesetzte „
	1	o	einfache „
1.	1	oooo	zusammengesetzte „

Überblick über die Kennzeichen der vorstehenden Gräserblütenstände:

1. *Einfache, geschlossene Ähre.* Ährchen ungestielt, so dicht aneinandergereiht, daß die Spindel unsichtbar bleibt. Ährenspindel mit Ausbuchtungen.

2. *Einfache, unterbrochene Ähre.* Wie vorher aber die Ährchen so weit auseinandergerückt, daß die Spindel zum größten Teile sichtbar bleibt.

3. *Ährentraube.* Die Bildung von Ähren ist an stufigen Seitenzweigen 1. Ordnung erfolgt.

4. *Fingerähre.* Wie vorher wobei aber die Seitenzweige 1. Ordnung sämtlich an die Spitze der Spindel gerückt sind.

5. *Einfache Traube.* Aus einer nicht mit Einkerbungen versehenen Hauptachse zweigen einfache d. h. nicht weiter verästelte Seitenäste (1. Ordnung) ab, deren Ende ein einziges Ährchen trägt.

6. *Zusammengesetzte Traube* (*Doppeltraube*). Wie vorher aber die Äste 1. Ordnung wiederum verzweigt nach Art einer einfachen Traube, so daß Seitenzweige 2. aber nicht höherer Ordnung vorliegen.

7. *Echte Rispe.* Wie vorher aber die Äste 2. Ordnung noch weiter verzweigt, so daß Abästungen 3. und höherer Ordnung vorhanden sind.

8. *Einfache,* hauptachsige *Scheinähre.* Ährchen kurz gestielt und an der Hauptachse so dicht aneinandergefügt, daß die Spindel unsichtbar bleibt.

9. *Scheinährentraube.* Die Anhäufung kurz gestielter Ährchen hat an Seitenzweigen 1. Ordnung stattgefunden.

Alle doppeltraubigen und rispigen Blütenstände sind gemischte. Es besteht:

	unten	mitten	oben
die Doppeltraube	Doppeltraube	Doppeltraube	einfache Traube
die echte Rispe	echte Rispe	Doppeltraube	einfache Traube

Die *Verästelungsweise* des Blütenstandes.

Bei den traubigen und rispigen Ungräsern können die Abästungen 2. Ordnung bereits in großer Nähe der Hauptachse (spindelnahe) oder aber erst in erheblicher Entfernung davon einsetzen (spindelfern). Auf diesem Wege kommt ein bestimmtes Verhältnis zwischen dem verzweigten und dem unverzweigten Teile der Abästung 1. Ordnung zustande, wie die

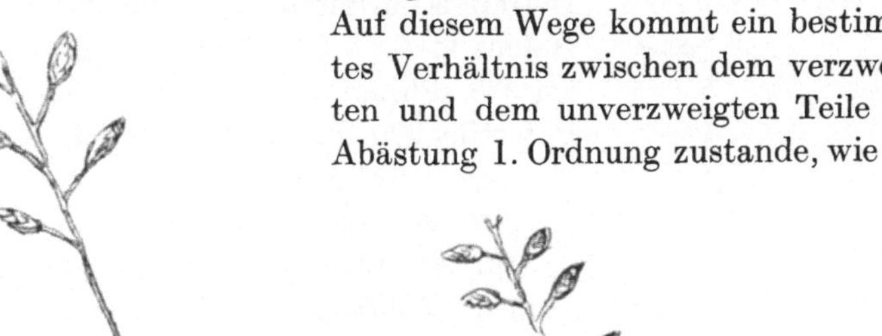

Abb. 14. a) Spindelferne, b) spindelnahe Verzweigung der Seitenäste.

Abb. 14 erkennen läßt. Hand in Hand mit der spindelnahen Verzweigung geht eine gedrängte, zuweilen an die Scheinähre gemahnende Tracht des Blütenstandes. Dieser Eindruck wird noch verstärkt bei Gräsern, welche die Gepflogenheit haben, ihre Äste nur während der Blütezeit auseinander zu spreizen im übrigen aber der Spindel anzuschmiegen. Das Honiggras, Holcus, und das Straußgras, Agrostis alba (stolonifera) sind Beispiele hierfür. Das Verhalten der Gräser in der vorbeschriebenen Beziehung ist ein so beständiges, daß es für Bestimmungszwecke verwendet werden kann.

Spindelnahe Äbästung weisen auf: Agrostis alba, Avena elatior, Bromus erectus, Br. inermis, Br. mollis, Br. racemosus, Br. tectorum, Calamagrostis arundinacea, C. epigeios, Corynephorus canescens, Digraphis arundinacea, Festuca duriuscula, F. glauca. F. ovina, F. rubra, Glyceria fluitans, Gl. spectabilis, Holcus, Melica nutans, Molinia coerulea, Poa annua, P. compressa, Triodia decumbens, Trisetum flavescens.

Spindelferne Abästung ist eigentümlich für: Avena fatua, A. brevis, A. strigosa, Aira caespitosa, A. flexuosa, Bromus arvensis, Br. asper,

Br. sterilis, Dactylis glomerata, Festuca gigantea, Melica uniflora, Milium effusum.

Die *Ährchenmenge* im Blütenstande.

Die traubigen und rispigen Blütenstände sind je nachdem mit einer sehr bescheidenen, leicht übersehbaren, oder auch mit einer großen nicht ohne weiteres festzustellenden Anzahl von Ährchen ausgestattet. Im allgemeinen sind die traubigen ärmer an Ährchen als die rispigen. Armährig ist Bromus asper (21—49), Br. mollis (9—13), Br. racemosus (6—34), Br. secalinus (5—26) Br. sterilis (21—29), Avena fatua (9—12), A. pratensis (7—12), A. pubescens (20—42), Melica unflora (7—12), M. nutans (7—14), Triodia (5—7). Demgegenüber ergaben Zählungen bei Agrostis alba: 4305, Agr. spica venti 4177, Aira caespitosa 1000, Calamagrostis epigeios 2439, Catabrosa aquatica 364, Digraphis arundinacea 726, Glyceria spectabilis 382, Holcus lanatus 307, Milium effusum 306, Molinia coerulea 358, Phragmites communis 2044, Poa compressa 113, P. fertilis 370, P. palustris 111, P. trivialis 508, Trisetum flavescens 527 Ährchen.

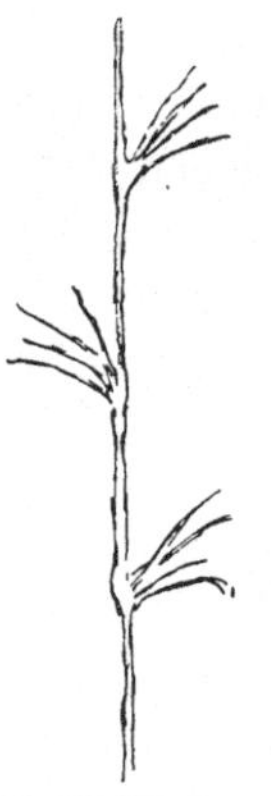

Abb. 15. Wechselwendige Abzweigung der Seitenäste.

Haltung und *Wendigkeit.*

Für alle traubigen und rispigen Blütenstände liefert noch die *Haltung*, die *Wendigkeit* der seitlichen Abästungen und das *Verhalten während* der *Blütezeit* durchgreifende Anhaltspunkte für die Erkennung. Die Haltung kann *aufrecht* oder *überhängend* sein. Je länger und dünner die Seitenäste je schwerer die Ährchen um so ausgeprägter ist die Neigung zum Überhängenlassen. Umgekehrt zeigen Blütenstände mit kurzen Seitenästen und leichten Ährchen eine aufrechte Haltung. Nickende, überhängende Tracht hat die Waldzwenke Brachypodium silvaticum, die Waldschmele Aira flexuosa, Bromus asper, Br. sterilis, Br. tectorum, Festuca arundinacea, F. gigantea, das flutende Süßgras Glyceria fluitans, Melica uniflora, M. nutans.

Die Wendigkeit der seitlichen Abästungen ist entweder eine all- oder einseitige. Im letztgenannten Falle pflegen die seitlichen Abästungen zu alternieren (Abb. 15).

Verschiedene Gräser haben die Eigentümlichkeit ihre Tracht während der Blütezeit zu verändern, indem sie ihre vor und nach der Blüte der Hauptachse anliegenden Seitenzweige, weit auseinanderspreizen. In mehreren Fällen dient dieses Verhalten als Unterscheidungsmerkmal. So bei Agrostis stolonifera (während der Blüte gespreizt im übrigen zusammengedrängt) und A. vulgaris (dauernd gespreizt).

Sonstige ihren Blütenstand während der Anthese öffnende Gräser sind noch Agrostis spica venti, Bromus mollis und Br. racemosus, Calamagrostis, Glyceria fluitans, Holcus, Köleria, Molinia.

Gesamttracht.

Schließlich darf auch die gesamte Tracht des Grases zu seiner Erkennung herangezogen werden. So sind durch ihre rohrartige Tracht allein schon ganz gut gekennzeichnet: Phragmites, Glyceria spectabilis, Digraphis arundinacea, Calamagrostis arundinacea, C. epigeios.

Die *Blätter.*

Sie entspringen teils aus den Stengelknoten, teils aus den Wurzeln. Das Fehlen von Wurzelblättern bildet für mehrere Gräserarten ein unterscheidendes Kennzeichen. Das welsche Weidelgras, Lolium multiflorum, besitzt Wurzelblätter, der ihm sehr ähnliche Taumellolch, L. temulentum, entbehrt solcher. Weitere bei den Blättern zu suchende einfache Merkmale sind die Form und die Behaarung. Gelegentlich bietet auch die Nervatur Anhaltspunkte.

Die Gestalt der Grasblätter ist in allen Fällen annähernd die gleiche, die Form wechselt insofern als die Blattspreite entweder auseinandergebreitet bandförmig, oder zusammengerollt pfriemenförmig ist. Blätter der letztgenannten Art finden sich vor bei: Agrostis canina, Aira flexuosa, Festuca myuros, F. ovina und seinen Abarten, Nardus stricta, Stipa capillata, St. pennata, Corynephorus.

Ob ein gegebenes Gras als behaart anzusprechen ist, läßt sich nicht immer mit voller Sicherheit entscheiden, weil gerade hierbei der Standort Anlaß zu Abweichungen von der Regel geben kann. Ausnahmslos deutlich behaart sind die beiden Arten des Honiggrases Holcus, ferner Brachypodium pinnatum und Br. silvaticum, die Zwenke, Bromus asper, Br. mollis, Köleria glauca, K. cristata. Unbehaart sind Blatt und Blattscheide bei Alopecurus, Phleum pratense, Agrostis stolonifera, A. vulgaris, Briza media, Avena elatior, Bromus inermis, Melica, Milium, Digraphis arundinacea. Der Verlauf der Blattnerven kann in einigen wenigen Fällen zur Gräsererkennung verwendet werden. So bei Glyceria und Catabrosa, welche zwischen den Längsnerven gut sichtbare Querverbindungen besitzen. Bei Aira caespitosa geben die 7 erhabenen Längsrippen der Wurzelblätter ein gutes Erkennungsmerkmal ab. Die hier und da herangezogenen Gelenkzellenstreifen lassen sich nur dann verwerten, wenn ein Mikroskop zu Hilfe genommen wird.

Die *Blattscheide.*

Die Belaubung der Gräser besteht aus lineal geformten, ungestielten, ganzrandigen Blättern, welche ihren Ausgang von einem Halmknoten nehmen. Dabei pflegt der untere Teil des Blattes eine mehr oder weniger lange Strecke den Halm röhrenartig zu umschließen, um sich erst in seinem oberen Teilstück zur Spreite auseinanderzubreiten. Dieser röhrenförmige untere Teil des Blattes, welcher als Blattscheide bezeichnet wird, bietet Anhalte für die Gräserbestimmung dadurch, daß er entweder *geschlossen* oder *offen* ist. Offen dann, wenn er sich vom Stengelknoten an bis zur Blattspreite auseinanderbreiten läßt und geschlossen, wenn er eine bis nahe an die Blattspreite heranreichende Röhre bildet. Die Bromusarten, das Perlgras Melica, Glyceria, Briza besitzen geschlossene Blattscheiden. Bei einigen Gräsern liegt der Fall vor, daß sie über den unteren Blattknoten geschlossene, über den höheren aber offene Blattscheiden haben. Die Frage, ob geschlossen oder offen, ist deshalb immer an den obersten Blättern zu entscheiden.

Noch in anderer Weise sichert die Blattscheide Merkmale für die Gräserbestimmung. Bei den meisten Gräsern ist sie drehrund, bei einigen aber mehr oder weniger breitgedrückt, derart, daß sie mit 2 scharfen oder auch stumpfen, gegenüberstehenden Kielen versehen ist. Bildungen dieser Art weisen auf: Andropogon ischaemon, Dactylis glomerata, Digitaria sanguinalis, Glyceria fluitans, Gl. spectabilis, Melica nutans, Poa compressa (stumpf), P. sudetica, Setaria glauca, Tragus racemosus. Avena planiculmis.

Das *Blatthäutchen.*

An der Übergangsstelle vom röhrenartig zusammengerollten Teile zur einfachen Spreite des Blattes befindet sich ein kleines, gleichsam einen Fortsatz der Blattscheide bildendes Häutchen, welches eine für die einzelnen Gräserarten charakteristische Gestaltung aufweist, bald die eines ganzrandigen, feingezähnelten oder gewimperten Ringes, bald die einer Zunge, bald die eines Haarbüschels. Poa pratensis besitzt ein ringförmiges Poa trivialis, ein zungenförmiges Blatthäutchen. Bei Phragmites ist es in ein Büschel von Haaren aufgelöst. Echinochloa crus galli besitzt überhaupt kein Blatthäutchen.

Die *Standorte.*

In erster Linie die *Bodenfeuchtigkeit,* in zweiter die *Lichtverhältnisse,* in dritter die *geologische Eigenart* des Bodens bestimmen den Standort der Gräser. Auf feuchten, sumpfigen, zeitweise oder dauernd unter Wasser stehenden Böden sind heimisch Agrostis canina, Alopecurus geniculatus, Catabrosa aquatica, Digraphis arundinacea, Glyceria fluitans, Phragmites communis, Poa palustris. Sandige, trockene, steinige, der Dürre ausgesetzte Böden werden besiedelt von Andropogon ischaemon, Avena pratensis, Brachypodium pinnatum, Briza, Bromus inermis, Br. mollis, Corynephorus canescens, Elymus arenarius, Festuca ovina und seinen Abarten, Köleria, Melica ciliata, Nardus stricta, Phleum boehmeri, Sesleria, Stipa, Triodia. Schattige Standorte aufsuchende Gräser sind: Agrostis canina, Brachypodium silvaticum. Calamagrostis arundinacea, C. epigeios, Bromus asper, Festuca gigantea, Holcus mollis, Melica uniflora, M. nutans, Milium effusum, Poa nemoralis. Sandbewohner sind u. a. Ammophila arenaria, Elymus arenarius, Festuca ovina und Abarten, Hierochloa, Nardus.

Kalkiges Gelände bevorzugen: Andropogon, Brachypodium pinnatum, Köleria glauca, Melica, Sesleria.

Das *Verbreitungsgebiet*.

Während gewisse Gräser, wie z. B. Agrostis, Dactylis, Poa, Festuca, in Deutschland ganz allgemeine Verbreitung besitzen, treten andere sehr zurück. Gräser letztgenannter Art sind: Ammophila arenaria, das an der sandigen Meeresküste häufig, dagegen im Binnenlande eine Seltenheit ist, Cynodon dactylon, Corynephorus, Elymus arenarius, welches nur Sanddünen besiedelt, Lepturus, welches gleichfalls auf den sandigen Meeresstrand beschränkt bleibt.

Gräser mit *Seitentrieben* aus den *Halmknoten*.

Hierherzustellen sind Andropogon ischaemon, Agrostis canina pallida, Alopecurus agrestis, Digitaria sanguinalis, Festuca myuros, Digraphis arundinacea, Sesleria coerulea.

Die *Blütenbehaarung*.

Bei verschiedenen Gräsern ist die Ährchenspindel oder die äußere Blütenspelze mit steifborstigen oder auch zarten wirrbüscheligen Haaren besetzt (Abb. 28). Die Haare sind bald kürzer bald länger als die Blüte, bald auch von gleicher Länge. Zumeist umgeben sie den Blütengrund nach Art einer Krause, zuweilen bleibt die Behaarung auf zwei sich gegenüberstehende Zöpfe beschränkt, mitunter entspringen sie aus dem Rücken der äußeren Blütenspelze. In vielen Fällen kommt die Haarigkeit erst nach dem Abblühen zum Vorschein. Wirr durcheinandergelagerte Haare finden sich am Grunde der Blütenspelzen vieler Poaarten vor. Einen steifborstigen Haarbesatz zeigen Aira, Calamagrostis und Phragmites. Nach dem Abblühen weit hervorragende wollige Haare tragen Andropogon und Melica ciliata. Mit 2 zopfartigen Haarbüscheln am Blütengrund ist Digraphis ausgestattet (Abb. 45).

Die *Blühezeit*.

Sie kann in einigen Fällen Hilfsdienste leisten. Das Lieschgras Phleum pratense tritt viel später in Blüte als der ihm dem Blütenstande nach ähnliche Fuchsschwanz. Unter den echten Rispengräsern sind Dactylis glomerata, Poa annua, P. pratensis, P. trivialis Frühblüher, Agrostis alba, A. vulgaris, Molinia coerulea Spätblüher. Sehr spät in Blüte gehen Festuca gigantea und Bromus asper.

Behaftung mit *Parasiten*.

Bis zu einem gewissen Grade darf auch das Vorkommen von bestimmten tierischen oder pilzlichen Organismen auf den Gräsern als Bestimmungsanhalt Verwendung finden. Nachstehend eine Zusammenstellung von Gräsern mit den auf ihnen gelegentlich vorzufindenden Parasiten:

Ustilago perennans: Avena elatior, hoher Wiesenhafer.
Ustilago longissima: Glyceria fluitans, flutendes Süßgras.
Puccinia graminis: Agropyrum repens, Quecke.
Puccinia graminis: Agrostis alba (stolonifera), Straußgras.
Puccinia graminis: Dactylis glomerata, Knäuelgras.

Puccinia coronata: Agropyrum repens, Quecke.
Puccinia coronata: Avena elatior, hoher Wiesenhafer.
Puccinia coronata: Holcus lanatus, Honiggras.
Puccinia anthoxanthi: Anthoxanthum odoratum, Geruchgras.
Puccinia triseti: Trisetum flavescens, Goldhafer.
Puccinia lolii Niels: Festuca elatior, Wiesenschwingel.
Puccinia lolii Niels: Lolium perenne, deutsches Weidelgras.
Puccinia phlei pratensis: Phleum pratense, Wiesen-Lieschgras.
Uromyces dactylidis: Dactylis glomerata, Knauelgras.
Erysiphe graminis: Agropyrum repens, Quecke.
Erysiphe graminis: Dactylis glomerata, Knauelgras.
Claviceps purpurea: Auf fast allen Gräsern, gelegentlich aber besonders stark auf Festuca gigantea, Lolium perenne, Molinia coerulea.
Epichloe typhina: Dactylis glomerata, Knauelgras. Selten.
Epichloe typhina: Holcus lanatus, Honiggras.
Epichloe typhina: Phleum pratense, Lieschgras.
Phyllachora graminis: Agrostis stolonifera, Straußgras.
Phyllachora graminis: Bromus asper, rauhe Trespe.
Mastigosporium album: Alopecurus, Fuchsschwanz. Schwarzbraune Flecken.
Scolicotrichum graminis: Dactylis, Knauelgras. Blattflecken.
Fusarium: Lolium perenne, Weidelgras. Rote Polster i. d. Ährchen.
Ovularia lolii: Lolium multiflorum, welsches Weidelgras. Blattflecken.

Tierische Schädiger:

Tylenchus triseti: Avena flavescens, Goldhafer.
Tylenchus phalaridis: Phleum böhmeri, Böhmers Lieschgras. Hörnchenförmige Blütenvergallung.

Allgemeine Regeln für Bestimmungszwecke.

Für die Zwecke der Gräserbestimmung ist ganz im allgemeinen das folgende zu beachten:

1. Man ziehe zur Untersuchung immer eine *größere* Anzahl von Pflanzen heran.

2. Man verwende unter den zur Hand befindlichen Pflanzen die am besten ausgebildeten.

3. Bei den traubigen und rispigen Gräsern ziehe man die 2. und 3. Stufe zur Bestimmung heran, lasse die 1. Stufe aber unter allen Umständen unberücksichtigt, wenn sie eine weniger vollkommene Ausbildung aufweist als die 2. Stufe.

4. Man gehe von den besonderen Bestimmungsanhalten aus, da ihre Heranziehung in vielen Fällen die Inanspruchnahme des eigentlichen Bestimmungsschlüssels unnötig macht.

5. Ähren und Scheinähren biege man, um einen Einblick in das Gefüge zu bekommen, über den Finger.

6. Für die Entscheidung, ob eine Blattscheide offen oder geschlossen ist, sind immer die obersten Blätter heranzuziehen.

7. Die zur Untersuchung gelangenden Gräser sind stufenweise in ihre Abästungen zu zerlegen und dann stufenweise gesondert auf ihren Bau zu untersuchen.

8. Bei trockenem Material bleibt zu berücksichtigen, daß ein Teil der Blüten im Ährchen ausgefallen sein kann.

9. Maßgebend für die Anzahl der in einem Ährchen enthaltenen Blüten sind nur die Zwitterblüten.

Einige besondere Bestimmungsanhalte.

1. *Zahl* der *Abästungen.* Beträgt bei traubigen und rispigen Blütenständen die Anzahl der Abästungen auf den untersten Stufen nur *eine*, so kann das Gras Dactylis, Festuca oder Poa annua sein. Beträgt sie höchstens *zwei*, so kann das Gras gehören zu: Aira flexuosa, Briza media, Digraphis arundinacea, Festuca, Glyceria fluitans, Hierochloa borealis, Melica nutans, M. uniflora, Poa annua, P. compressa, P. nemoralis firmula, Triodia decumbens. Beträgt sie 10 und mehr, so liegt ein Angehöriger der Gattung Agrostis (einschl. Apera) oder Phragmites vor.

2. *Blütenstandsspitze.* Sobald die Zahl der Einzelährchen an der Spindelspitze mehr als *vier* beträgt ist die Zugehörigkeit zu Agrostis, Avena, Bromus, Calamagrostis, Holcus, Molinia und Poa ausgeschlossen.

3. *Blattscheiden,* welche bis zum obersten Halmknoten hinauf geschlossen sind, deuten auf die Gattungen Bromus, Glyceria, Melica und auf Poa sudetica hin.

4. *Halmknoten.* Ein mit allen Anzeichen des Süßgrases ausgestattetes aber keine Halmknoten zeigendes Gras kann nur Molinia coerulea sein.

5. *Stengelinneres.* Ein Gras, das im Gegensatz zu den übrigen Süßgräsern in den unteren Stengelgliedern mit Markzellen erfüllt ist, gehört zu Andropogon oder Echinochloa.

6. *Wuchshöhe.* Ein nach vollkommener Ausbildung des Blütenstandes die Länge von 1,50 m überschreitendes Gras läßt schließen auf Aira caespitosa, Avena elatior, Bromus asper, Br. inermis, Calamagrostis, Digraphis, Festuca arundinacea, F. gigantea, Glyceria spectabilis, Milium effusum, Molinia coerulea. Phragmites communis.

7. *Grannenlänge.* Ein Gras, dessen Grannen mehr als die 10fache Länge der Blüten haben, kann nur Stipa sein.

8. *Fingerähre.* Ein Gras mit 5—7 Seitenästen, welche sämtlich aus dem Endpunkt der Spindel ablaufen, ist Cynodon dactylon.

9. Ein Gras mit einfacher aber nur auf einer Seite der Spindel mit Ährchen besetzter Scheinähre ist Cynosurus cristatus.

10. *Ährchenlänge.* Ährchen von 2 und mehr Zentimeter Länge weisen hin auf Avena, Brachypodium, Bromus, Glyceria fluitans.

11. *Seitentriebe* aus den unteren Halmknoten lassen auf Andropogon, Digitaria sanguinalis, Digraphis, Echinochloa, Setaria verticillata schließen.

12. *Blütenstandslänge.* Ein Blütenstand von 50 cm und mehr Länge, der außerdem einseitig überhängt, deutet auf Glyceria fluitans hin.

13. *Blühezeit.* Ein bereits anfangs Mai blühendes Gras ist Alopecurus, Dactylis oder Sesleria, und zwar Dactylis, wenn 2kielige Blattscheiden, Sesleria, wenn schwefelgelbe Staubbeutel und Alopecurus, wenn braunrote Staubbeutel vorliegen.

Schlüssel zur Erkennung der Gräser, in erster Linie der Ungräser, auf Grund ihrer Blütenstände[1].

Unberücksichtigt geblieben sind: Secale und Zea, das im Freien nicht angebaute Canariengras Phalaris canariensis, das nur für gärtnerische Zwecke Verwendung findende silberne Ruchgras Lasiagrostis, der Hasenschwanz Lagurus, der auf sandige Meeresufer beschränkte Dünnschwanz Lepturus, die nur selten auftretende Reisquecke Leersia, das Quellgras Catabrosa, das Zwerggras Chamagrostis (Mibora), das Liebesgras Eragrostis, das Hartgras Sclerochloa und das Klettengras Tragus.

A. Blütenstandsschlüssel.

1. (14.) Der Blütenstand ist von *einheitlicher* Bauweise. Tracht linear oder *walzig.*
2. (11.) Die Ährchen stehen *dicht* aneinander *gedrängt* und decken sich gegenseitig mehr oder weniger.
3. (6.) Die Ährchenhäufungen bleiben auf die *Hauptachse* beschränkt.
4. (5.) Ährchen *ungestielt,* sitzend — *einfache* (hauptachsige) *Ähre* (1).
5. Ährchen *gestielt* — *einfache* (hauptachsige) *Scheinähre* (2).
6. (3.) Die Ährchenhäufungen auf *Seitenzweigen.*
7. (10.) Ährchen *ungestielt.*
8. (9.) Seitenzweige mit Abständen stufenförmig angeordnet — *Ährentraube* (7).
9. Seitenzweige sämtlich aus dem Endpunkt der Spindel hervorgehend — *Fingerähre* (7).
10. (7.) Ährchen *gestielt* — *Scheinährentraube* (7).
11. (2.) Die Ährchen in lockerer *luftiger Anordnung,* so daß sie voneinander unterschieden werden können.
12. (13.) Ährchen sitzend — (einfache) *unterbrochene Ähre* (3).
13. Ährchen mit Stielen — *einfache Traube* (4).
14. (1.) Der Blütenstand ist *gemischt.* Tracht *kegelförmig.*

---

[1] Der Schlüssel ist in der Weise zu verwenden, daß mit der niedrigsten der vorgesetzten Ziffern begonnen und Entscheid getroffen wird, ob das hinter ihr stehende Merkmal oder das bei der angefügten eingeklammerten Zahl befindliche zutrifft. Alsdann ist auf die nächsthöhere Ziffer weiterzugehen und in gleicher Weise zu verfahren. Die den einfachen Scheinähren zugehörige Kammschmele wird auf diese Weise ermittelt durch Vergleich von 1 mit 10, 11 mit 14, 15 mit 18, 19 mit 20, 21 mit 22.

15. (16.) Die Abästungen auf den untersten Stufen gehen nicht über solche 2. Ordnung hinaus — *Doppeltraube* (5).
16. Es sind Abästungen 3. oder auch noch höherer Ordnung vorhanden — *echte Rispe* (6).

B. Gräserschlüssel.

1. Einfache, hauptachsige Ähre.

1. (6.) Ährchen *einblütig*, aber zu drei auf gleicher Höhe nebeneinanderstehend und dadurch leicht Dreiblütigkeit vortäuschend.
2. (3.) Grannen flach — *angebaute Gerstenarten.*
3. Grannen haardünn.
4. (5.) Blütenspelze des mittleren Ährchens reichlich behaart, die seitlichen ohne Haare — *Mäusegerste,* Hordeum murinum.
5. Blütenspelzen aller 3 Ährchen unbehaart (selten auftretendes Gras) — *Roggengerste,* Hordeum secalinum.
6. (1.) Ährchen *mehrblütig.*
7. (8.) Angebaut — Weizenarten.
8. Wild wachsend.
9. (10.) Im Walde wachsend — *Waldhaargras,* Elymus europaeus[1].
10. Auf Dünensand wachsend — *Sandhaargras,* Elymus arenarius.

2. Einfache Scheinähren.

1. (10.) Die Scheinähre ist *traubiger* Art.
2. (3.) Die Ährchen bedecken nur eine Seite der Spindel, so daß letztere auf einer Seite sichtbar bleibt — *Kammgras,* Cynosurus cristatus.
3. Die Ährchen bedecken rundherum die Spindel, so daß diese vollkommen unsichtbar bleibt.
4. (7.) Die Scheinähre ist dicht geschlossen von walziger, bürstiger Form.
5. (6.) Zwischen den einzelnen Ährchen ragen Börstchen hervor — *Borstenhirse,* Setaria glauca.
6. Es fehlen die Börstchen zwischen den Ährchen, die Ährchenspelzen von der Form eines Stiefelknechts — *Wiesenlieschgras,* Phleum pratense.
7. (4.) Die Scheinähre ist locker, luftig, ziemlich kurz, frühblühend.
8. (9.) Die am Grunde entspringenden Blätter erreichen die Länge des Stengels, Färbung der Ährchen blau-violett — *Seslergras,* Sesleria coerulea.

---

[1] Die Mehrblütigkeit tritt nicht immer deutlich zutage, besonders bei Elymus europaeus, welches zweiblütig ist, dabei aber nur die eine Blüte vollständig die andere krüppelhaft zur Ausbildung bringt. Diesem Umstande ist es zuzuschreiben, daß bei Elymus wie bei Hordeum 3 nur einblütige Ährchen nebeneinander zu stehen scheinen und daß E. europaeus als Hordeum silvaticum zur Gerstengattung gebracht worden ist.

9. Die Grundblätter reichen nicht bis an die Scheinähre heran, Staubbeutel und Narbenäste weit heraushängend, Färbung der Ährchen strohgelb — *Geruchgras,* Anthoxanthum odoratum, A. puelii.

10. (1.) Die Scheinähre ist *rispiger* Art.

11. (14.) Zwischen den Ährchen treten Börstchen zutage.

12. (13.) Diese Börstchen mit abwärtsgerichteten Zähnchen besetzt — *quirlige Borstenhirse,* Setaria verticillata.

13. Die Zähnchen der Borsten aufwärtsgerichtet — *grüne Borstenhirse,* Setaria viridis.

14. (11.) Zwischen den Ährchen treten keine Börstchen hervor.

15. (18.) Form der Scheinähre walzig, geschlossen.

16. (17.) Ährchen begrannt — *Fuchsschwanz,* Alopecurus (agrestis, fulvus, geniculatus, pratensis).

17. Ährchen unbegrannt — *Böhmers Lieschgras,* Phleum böhmeri.

18. (15.) Form der Scheinähre zwar im ganzen walzig aber nicht bürstenartig geschlossen, sondern mit lockerer Stellung der Ährchen.

19. (20.) Aus dem eiförmigen Ährchen treten ziemlich lange zarte Haare in großer Anzahl hervor — *haariges Perlgras,* Melica ciliata.

20. Ährchen von lanzettlicher Form ohne Behaarung.

21. (22.) Ährchen einblütig. Halm über 1 mm stark; ähnelt einer Roggenähre — *Sandrohr,* Ammophila arenaria.

22. Ährchen mehr als einblütig, Halmstärke etwa 1 mm — *Kammschmele,* Köleria cristata.

3. *Unterbrochene Ähre.*

1. (2.) Die Ährchen sitzen nur auf der einen Seite der Blütenstandsachse. Ährchen einblütig — *Pfriemengras,* Nardus stricta.

2. Die Ährchen sitzen auf zwei gegenüberliegenden Seiten der Spindel. Ährchen mehrblütig.

3. (6.) Ährchen walzig, im Querschnitt: o, an beiden Enden verjüngt.

4. (5.) Ährchen kurz begrannt — *Fiederzwenke,* Brachypodium pinnatum.

5. Ährchen lang begrannt, der Blütenstand überhängend — *Waldzwenke,* Brachypodium silvaticum.

6. (3.) Ährchen breitgedrückt, im Querschnitt: ()

7. (12.) Die Ährchen berühren mit der schmalen Seite die Spindel: o ⊂

8. (9.) Ausläufer und Wurzelblätter sind vorhanden — *angebautes Weidelgras.*

9. Ausläufer und Wurzelblätter fehlen.

10. (11.) Ährchen begrannt — *Taumellolch,* Lolium temulentum.

11. Ährchen unbegrannt — *Ackerlolch,* Lolium arvense (linicolum)-

12, (7.) Die Ährchen berühren mit der breiten Seite die Spindel: o ().

13. (14.) Lange Ausläufer, Ährchen unbegrannt — *Quecke*, Agropyrum repens.
14. Ohne Ausläufer, Ährchen begrannt — *Hundsquecke*, Agropyrum caninum.

4. Einfache Traube.

1. (12.) Blattscheide *geschlossen*.
2. (3.) Seitenäste höchstens zu zwei — *einblütiges Perlgras*, Melica uniflora.
3. Auf den unteren Stufen immer mehr als 2 Seitenäste.
4. (7.) Seitenäste sämtlich kurz, Ährchenansatz nahe an die Spindel herangerückt.
5, (6.) Ährchen zartbehaart — *Weichtrespe*, Bromus mollis.
6. Ährchen unbehaart — *Traubentrespe*, Bromus racemosus.
7. (4.) Wenigstens ein Teil der Seitenäste lang und dünn.
8. (9.) Blüten drehrund geformt und deshalb auseinanderspreizend — *Roggentrespe*, Bromus secalinus.
9. Blüten flach gebaut und sich gegenseitig dachig deckend.
10. (11.) Blütenstand einseitwendig stark überhängend, die Ährchenstiele sehr lang und dünn, lange Grannen — *Taubtrespe*, Bromus sterilis.
11. Blütenstand nur wenig überhängend, allseitwendig, kurze Grannen — *Wiesentrespe*, Bromus erectus.
12. (1.) Blattscheide *offen*.
13. (16.) Ährchen sehr kurz gestielt, fast sitzend.
14. (15.) Grannen kaum so lang wie das Ährchen — *Fiederzwenke*, Brachypodium pinnatum.
15. Grannen länger als das Ährchen — *Waldzwenke*, Brachypodium silvaticum.
16. (13.) Ährchen an deutlich sichtbaren Stielen.
17. (20.) Abästungen höchstens in der Zweizahl.
18. (19.) Ährchen unbegrannt — *Dreizahn*, Triodia decumbens.
19. Ährchen begrannt — *Wiesenhafer*, Avena pratensis.
20. (17.) Abästungen zu drei und mehr.
21. (22.) Ährchensitz spindelnahe — *Flaumhafer*, Avena pubescens.
22. Ährchensitz spindelfern — *Flughafer*, Avena fatua.

5. Zusammengesetzte Traube (Doppeltraube, Mischtraube).

1. (8). Beide oder mindestens eine der Ährchenspelzen *so lang* oder noch *länger* als das Ährchen (Hafergräser).
2. (3). Ährchen eirund. Blattscheiden geschlossen — *nickendes Perlgras*, Melica nutans.
3. Ährchen von zugespitzter Form. Blattscheiden offen.

4. (5.) Seitenäste mindestens 3mal länger als die hängenden, bräunlichen Ährchen. Ährchensitz spindelfern — *Flughafer*, Avena fatua.

5. Die Seitenäste nur von Ährchenlänge. Ährchensitz spindelnahe.

6. (7.) Ährchen mit nur einer Granne, die Ährchenspindel ohne Behaarung — *hoher Wiesenhafer*, Avena elatior.

7. Ährchen mit mehr als einer Granne, Ährchenspindel mit Haaren besetzt — *Flaumhafer*, Avena pubescens.

8. (1.) Ährchenspelzen *kürzer* als das Ährchen (Schwingelgräser).

9. (22.) Blattscheide mindestens bis zur Hälfte *geschlossen*.

10. (11.) Standort vorwiegend im oder am Wasser. Ährchenspelzen oberends abgestumpft — *flutendes Süßgras*, Glyceria fluitans.

11. Standort im wasserfreien Gebiete. Ährchenspelzen oberends zweizähnig.

12. (13.) Die Blüten sind drehrund wie ein Weizenkorn und klaffen im Ährchen auseinander — *Roggentrespe*, Bromus secalinus.

13. Die Blüten, flach geformt, decken sich gegenseitig nach Art der Dachziegel.

14. (17.) Blütenstand überhängend.

15. (16.) Grannen nicht länger als das Blütchen. Halmknoten und Blattscheide mit abwärts gerichteten Haaren besetzt — *Rauhtrespe*, Bromus asper.

16. Grannen von ansehnlicher Länge, länger als das Blütchen, Behaarung fehlt — *Taubtrespe*, Bromus sterilis.

17. (14.) Blütenstand aufrecht[1].

18. (21.) Blüten begrannt.

19. (20.) Blütenspelzen gedrungen, löffelförmig, beim Stand im Freien rötlich angelaufen — *Ackertrespe*, Bromus arvensis.

20. Blütenspelzen lanzettlich — *Wiesentrespe*, Bromus erectus.

21. (18.) Blüten unbegrannt — *Wehrlose Trespe* (Quecktrespe), Bromus inermis.

22. (9.) Blattscheide *offen*.

23. (24.) Ährchenspelzen ohne Spitze, muschelförmig, Ährchen etwa so lang wie breit, herzförmig — *Zittergras*, Briza media.

24. Ährchenspelzen zugespitzt, länger als breit, rinnen- oder kahnförmig.

25. (28.) Auf den unteren Stufen höchstens 2 Abästungen. Ährchenspelzen mit *gewölbtem* Rücken.

26. (27.) Grundblätter borstig, zusammengerollt, Spindel vorwiegend mit nur einer seitlichen Abästung — *Schafschwingel*, Festuca ovina und seine Abarten duriuscula, glauca, rubra, heterophylla.

[1] Hierzu gelegentlich auch Bromus racemosus und Br. mollis.

27. Blätter einschl. der Grundblätter flach ausgebreitet, einer von den beiden Seitenästen sehr kurz — *Wiesenschwingel*, Festuca elatior.

28. (25.) Auf den unteren Stufen zwei und mehr Abästungen, Ährchenspelzen mit *gekieltem* Rücken, der Stengel etwas breitgedrückt — *zusammengedrücktes Rispengras*, Poa compressa.

6. *Echte Rispen.*

1. (2.) Die Halmknoten auf den alleruntersten Teil des Halmes beschränkt, so daß dieser der Knoten zu entbehren scheint — *Pfeifengras*, Molinia coerulea.

2. Der Halm zeigt deutlich sichtbar Halmknoten.

3. (6.) Die Grannen sind mindestens 10mal, zuweilen 30mal länger als das Ährchen.

4. (5.) Grannen fadenförmig, kahl — *Haargranniges Pfriemengras*, Stipa capillata.

5. Grannen nach Art einer Feder mit zarten Haaren besetzt — *federgranniges Pfriemengras*, Stipa pennata.

6. (3.) Die Grannen höchstens 3mal länger als das Ährchen oder sie fehlen auch gänzlich.

7. (10.) Auf jeder Stufe des Blütenstandes zweigt *nur ein Ast* von der Hauptachse ab.

8. (9.) Ährchen in erheblichem Abstande von der Hauptachse regellos und in Büschel, *zusammengeknauelt* — *Knauelgras*, Dactylis glomerata.

9. Ährchen deutlich *auseinandergerückt*, so daß ihre Stielchen gut sichtbar sind — *jähriges Rispengras*, Poa annua.

10. (7.) Aus den unteren Stufen der Hauptachse zweigt *mehr als* nur *ein* Seitenast ab.

11. (22.) Zahl der Seitenäste auf den unteren Stufen *zwei.*

12. (17.) Blütenstand *aufrecht.*

13. (14.) Hohes, rohrartiges Gras, Ährchen einblütig, ziemlich nahe aneinandergerückt — *Rohrglanzgras*, Digraphis arundinacea.

14. Wiesengrasartig, Ährchen auseinandergerückt, mehrblütig.

15. (16.) Ährchen begrannt — *Wiesenschwingel*, Festuca elatior.

16. Ährchen unbegrannt — *jähriges Rispengras*, Poa annua.

17. (12.) Blütenstand *überhängend.*

18. (19.) Blätter pfriemlich, Farbenton des Grases, rötlich silberglänzend, dichotome Teilung aller Seitenäste — *Waldschmele*, Aira flexuosa.

19. Blätter platt, Farbenton des Grases grün, Teilung der Seitenäste unregelmäßig.

20. (21.) Grannen vorhanden, von Ährchenlänge und darüber — *Riesenschwingel*, Festuca gigantea.
21. Grannen fehlen — *Rohrschwingel*, Festuca arundinacea.
22. (11.) Zahl der Seitenäste auf den unteren Stufen *mehr als zwei* (zuweilen bis zu 16).
23. (26.) Blattscheide *geschlossen.*
24. (25.) Blüten begrannt, Blütenstand überhängend, trockene, lichte Standorte — *Dachtrespe,* Bromus tectorum.
25. Blüten unbegrannt, Blütenstand aufrecht, Blattscheide zweikielig, feuchte Standorte — *Prachtschwaden,* Glyceria spectabilis.
26. (23.) Blattscheide *offen.*
27. (38.) Ährchen *einblütig.*
28. (29.) Ährchensitz spindelfern. Rispe sehr locker — *Flattergras,* Milium effusum.
29. Beginn des Ährchenansatzes an den Seitenzweigen nahe der Hauptachse.
30. (31.) Ährchen sehr dicht aneinander gehäuft — *Reithgras,* Calamagrostis.
31. Ährchen deutlich einzelnstehend.
32. (35.) Blüten *unbegrannt.*
33. (34.) Rispe nur während der Blüte auseinandergebreitet, Seitenäste kurz — *Fioringras,* Agrostis stolonifera.
34. Rispe jederzeit offen, Seitenäste länger wie vorher — *Wiesenstraußgras,* Agrostis vulgaris.
35. (32.) Blüten *begrannt.*
36. (37.) Granne *kurz,* unter der Mitte des Spelzenrückens entspringend. *Hundsstraußgras,* Agrostis canina.
37. Granne *lang,* 2—3mal Blütenlänge, aus Spelzenspitze — *Windhalm,* Agrostis spica venti.
38. (27.) Ährchen *mehr als einblütig.*
39. (44.) Ährchen *zweiblütig.*
40. (41.) Stengel infolge sehr zarter Behaarung rauh und glanzlos — *Honiggras,* Holcus lanatus und H. mollis.
41. Stengel unbehaart, glänzend, glatt.
42. (43.) Granne grundbürtig, fadenförmig, etwa von Blütenlänge — *Rasenschmele,* Aira caespitosa.
43. Granne grundbürtig nach oben schwach, keulenförmig verdickt, in der Mitte mit einem Kranz kurzer Haare — *Keulenschmele,* Corynephorus canescens.
44. (39.) Ährchen mit *mehr als zwei* Blüten.
45. (48.) Ährchenspelzen so lang oder länger als das Ährchen.
46. (47.) Deutlich begrannt. Ährchen schlank, in reicher Menge, über 100. — *Goldhafer,* Trisetum flavescens.

47. Kaum wahrnehmbar begrannt. Ährchen breit, die Zahl 100 niemals erreicht. — *Mariengras,* Hierochloa odorata, H. australis.

48. (45.) Ährchenspelzen kürzer als das Ährchen.

49. (50.) Ährchen breit herzförmig, Ährchenstiele zuweilen wellig gebogen — *Zittergras,* Briza media.

50. Ährchen länger als breit.

51. (52.) Gras von schilfiger Tracht, Ährchen schmal lanzettlich, nach dem Abblühen starke Behaarung zeigend, braunfarbig — *Schilfrohr,* Phragmites communis.

52. Gräser von der Tracht der Wiesengräser, Ährchen rhombisch, grün, ohne hervortretende Behaarung — *Rispengras,* Poa spp. (ohne annua, bulbosa, compressa).

7. Ähren- und Scheinährentraube.

1. (8.) Die Seitenäste in stufiger Anordnung.

2. (5.) Die Seitenäste sind bis an die Spindel heran mit Ährchen besetzt.

3. (4.) Zahl der Seitenäste 3. Blätter und Blattscheiden kahl — *kahle Bluthirse* — Digitaria linearis (glabra).

4. Zahl der Seitenäste 5 und mehr. Pflanze behaart — *Bluthirse,* Digitaria sanguinalis.

5. (2.) Die Seitenäste sind nicht bis an die Spindel heran mit Ährchen besetzt.

6. (7.) Die Ährchen sitzend (Ährentraube), zweiblütig, eingrannig — *Bartgras,* Andropogon ischaemon.

7. Die Ährchen kurz gestielt (Scheinährentraube) in rispiger Vereinigung — *Hühnerhirse,* Echinochloa crus galli.

8. (1.) Die Seitenäste gehen sämtlich aus dem Endpunkt der Hauptachse hervor (sog. Fingerähre) — *Hundszahn,* Cynodon dactylon.

Ausführliche Kennzeichnung der einzelnen Gräser.

Agropyrum. Quecke.

Gute Arten	Von minderem oder umstrittenen Werte	Ungräser
—	—	Repens, gemeine Quecke, Canium, Hundsquecke.

Die Queckengattung Agropyrum ist von der Weizengattung Triticum, zu welcher sie heute noch vielfach gestellt wird, abgetrennt worden. Anlaß dazu hat gegeben der Unterschied in der Ährchen-Ährchenspelzen- und Blütenstandsbildung. Der Blütenstand besteht aus einer *unterbrochenen Ähre.* Die unterscheidenden Merkmale der beiden Queckenarten sind:

	Repens	Caninum
Wurzelausläufer . . .	vorhanden	fehlend
Grannen	fehlen	vorhanden.

Ausschlaggebend ist die Ausläuferbildung, da manche Abarten von Repens, so Aristatum, ebenfalls Grannen aufweisen. Letztere sind bei Aristatum aber ziemlich kurz und steifborstig (Abb 16), bei Caninum (Abb. 17) etwa von doppelter Ährchenlänge, zart und geschlängelt. In ihrer Blütenstandstracht ähneln die Quecken dem Weidelgras. Durch die Ährchenstellung sind die beiden aber leicht voneinander zu unterscheiden. Die Queckenährchen liegen der Spindel mit der *breiten*, die Weidelgrasährchen mit der *schmalen* Seite an. Die rhizombildenden Quecken gehören zu den lästigsten Ungräsern. Ihre Ausrottung ist mit erheblichen Schwierigkeiten verbunden. Hinzu kommt noch der Nachteil, den die gemeine Quecke dem Landwirt dadurch bereitet, daß sie Überhälter für den Schwarzrost Puccinia graminis und den Kronenrost P. coronata

Abb. 16. Ährchen von Agropyrum aristatum.

Abb. 17. Ährchen von Agropyrum caninum.

ist. In Gegenden, in welchen ungeachtet des Fehlens von Berberitzensträuchern der Schwarzrost starke Verbreitung besitzt, dürfte die gemeine Quecke wohl einen erheblichen Anteil an diesem Vorgange haben.

Grundlagen für die Queckenvertilgung sind auf Kulturland:

1. Die Bodenentfeuchtung, weil die Quecke feuchten — nicht aber andauernd nassen Boden — liebt.

2. Verhinderung der sehr lichtbedürftigen Pflanze an der Neubildung von Reservestoffen in den Rhizomen. Am sichersten gelingt das im gebrachten Felde durch wiederholtes Flachhacken mit der Maschine, Eggen und Zusammenharken der zertrennten Rhizomstücken. Zumeist wird aber von der hierzu notwendigen Brachlegung abgesehen werden müssen. Für solche Fälle kommt nur noch Lichtentzug durch raschwüchsige hochaufschießende Pflanzen, wie Wintergetreide, gut gedüngter Hafer, Raps, Rübsen oder fortgesetzte Störung des Queckenwachstums nach der Ernte durch flach einsetzendes, allmählich dann tiefer gehendes

und dabei ein jedes Mal eine andere Richtung einschlagendes Grubbern mit anschließendem Zusammeneggen in Frage.

In guter Kultur befindliches Wiesengelände ist keine Heimstätte für Quecken.

Agrostis. Straußgras (einschl. Apera).

Gute Arten	Von minderem oder umstrittenen Werte	Ungräser
—	Stolonifera, Fioringras	Canina, Sumpfstraußgras
	Vulgaris, gemeines Str.	Spica venti, Windhalm.

Die Straußgräser des Flachlandes sind sämtlich überaus zierliche, durch ihre echte, luftige, aus sehr zahlreichen kleinen, gewöhnlich nicht über 2 mm langen einblütigen Ährchen zusammengesetzte Rispe gut gekennzeichnete Gräser. Die Blüten werden von den Ährchenspelzen vollkommen eingehüllt. Verwechslungen mit einigen anderen in der Tracht ähnlichen Gräsern der Gattung Poa, mit der Rasenschmele Aira caespitosa, mit der Keulenschmele Corynephorus oder mit dem Quellgras Catabrosa lassen sich an Hand der *ein*blütigen Ährchen leicht vermeiden.

Manche Botaniker halten die Abtrennung Spica venti als Träger eines eigenen Gattungsnamens Apera aufrecht. Ob diese Gattungsbildung notwendig war, darf bezweifelt werden. Unumstrittene Ungräser sind das Sumpfstraußgras Canina und der Windhalm Spica venti. Die Urteile über den Wert von Stolonifera und Vulgaris gehen sehr auseinander, wobei aber im ganzen die Einschätzung von Stolonifera nach der Seite der guten Gräser von Vulgaris nach der der Ungräser geht.

Eine besondere Eigentümlichkeit der Straußgräser besteht in ihrer Neigung zur Ausbildung einer sehr großen Anzahl von Abästungen auf den untersten Stufen des Blütenstandes. Es konnten gezählt werden:

	Unterste Stufe	2. Stufe
bei Stolonifera	3—26 Äste	5—16 Äste
Vulgaris	4—19 (>5 = 94%, >10 = 56%)	3—15 (>5 = 96%, >10 = 60%)
Spica venti	5—18 Äste	7—14 Äste.

Unter 54 Stoloniferapflanzen waren 51 entsprechend 94,4% mit mehr als 5 Abästungen auf der 2. Stufe versehen. Im einzelnen ergab sich umseitiges Bild.

Das *gemeine Straußgras* Agrostis vulgaris (Abb. 18) ist durch seine überaus zarten, gegenseitig einen stumpfen Winkel bildenden Rispenästchen, durch den Mangel an Grannen und ein sehr kurz abgestutztes Blatthäutchen gegenüber dem Sumpfstraußgras (Abb. 19) und dem Windhalm (Abb. 20), die beide begrannt sind, gut gekennzeichnet. Die pfriemlich eingerollten Grundblätter unterscheiden Canina von Spica venti. Ersteres sucht zudem mooriges, sumpfiges, letzterer, gleich Vulgaris, sandschüssiges Gelände auf.

Die 2. Stufe war besetzt mit:

5 Ästen	3 mal
6 „	2 „
7 „	5 „
8 „	0 „
9 „	14 „
10 „	7 „
11 „	7 „
12 „	3 „
13 „	7 „
14 „	1 „
15 „	4 „
16 „	1 „
	54 mal

Die größte Bedeutung als Ungras hat der Windhalm. Am besten gelangt er im Roggen zur Entwicklung. Damit hängt auch zusammen, daß er im deutschen Osten, wo häufig genug Roggen hinter Roggen angebaut wird, ein weiteres Verbreiterungsgebiet hat als im Westen. Bei der Bekämpfung des Windhalmes muß deshalb damit begonnen werden, Getreide niemals auf Roggen folgen zu lassen. Ein weiteres Hilfsmittel besteht in dem Abeggen der Roggensaat nach Winter selbst auf die Gefahr hin, daß dabei Roggenpflänzchen verlorengehen. Ob der Kalkstickstoff zur Bekämpfung bedingungslos empfohlen werden darf, steht noch dahin. Das beste Mittel zur Niederhaltung

Abb. 18. Seitenast von Agrostis vulgaris.

Abb. 19. Ährchen von Agrostis canina.

Abb. 20. Ährchen von Agrostis spica venti.

des Windhalmes besteht jedenfalls in einer geregelten Fruchtfolge mit regelmäßigem Wechsel von Halm- und Hackfrucht.

Agrostis stolonifera. Mittelstark ausgebildete Pflanze[1].

Länge des Stengels 85 cm.
Länge des Blütenstandes 20 cm.
Stufe 1 3,8 cm.
„ 2 3,3 cm.
„ 3 2,2 cm.

Stufe 18 1 Ährchen
„ 17 1 „
1 „
„ 16 1 „
1 „
1 „
„ 15 1 „
1 „
2 „
„ 14 2 „
1 „
1 „
2 „
2 „
„ 13 3 „
1 „
1 „
2 „
3 „
„ 12 4 „
1 „
2 „
2 „
2 „
5 „
5 „
„ 11 10 „
5 „
5 „
9 „
9 „
„ 10 16 „
4 „
8 „
16 „
25 „
„ 9 34 „

11 Ährchen
13 „
25 „
33 „
Stufe 8 39 Ährchen
7 „
14 „
14 „
25 „
32 „
„ 7 54 „
10 „
15 „
16 „
18 „
26 „
38 „
39 „
54 „
55 „
77 „
„ 6 104 „
13 „
23 „
24 „
40 „
58 „
65 „
„ 5 92 „
11 „
12 „
13 „
21 „
26 „
28 „
31 „
32 „
39 „
62 „
92 „
„ 4 128 „

7 Ährchen
9 „
21 „
25 „
27 „
29 „
39 „
36 „
44 „
47 „
56 „
58 „
78 „
Stufe 3 149 „
3 „
4 „
6 „
6 „
11 „
11 „
10 „
12 „
15 „
16 „
16 „
29 „
32 „
33 „
47 „
49 „
85 „
86 „
89 „
„ 2 173 „

1 Ährchen
3 „
4 „
4 „
8 „
10 „
10 „
12 „
17 „
18 „
19 „
19 „
25 „
27 „
28 „
29 „
29 „
30 „
37 „
46 „
49 „
60 „
71 „
80 „
82 „
112 „
Stufe 1 275 „

Zahl der Stufen: 18.
„ „ Äste: 141
„ „ Ährchen: 4325.
„ „ einfachen Trauben: 14.
„ „ Doppeltrauben: 14.
„ „ echten Rispen: 113.

[1] Eine bildliche Darstellung des Besatzes der Seitenäste mit Ährchen muß wegen Mangel an dem dazu erforderlichen Raum unterbleiben.

Agrostis vulgaris. Pflanze von mittelstarkem Wuchs.

Länge des Stengels 45 cm. Länge des Blütenstandes 11 cm. Stufe 1: 2,5 cm. Stufe 2: 1,5 cm. Stufe 3: 1,2 cm.

Stufe			
Stufe 15	o[1]	1	Ährchen
„ 14	o	1	„
	o	1	„
„ 13	o	1	„
	o	1	„
	o	1	„
„ 12	oo	2	„
	ooo	3	„
„ 11	oooo r*	4	„
	oooooo r	6	„
„ 10	ooooooo r	7	„
	ooooooo r	7	„
„ 9	oooooooooo ooo r	13	„
	oooooooooo r	10	„
„ 8	oooooooooo ooooo r	15	„
	oooooooooo oooooo r	16	„
„ 7	oooooooooo oooooooooo ooooo r	25	„
	ooooo r	5	„
	oooooo r	6	„
	oooooooooo ooooooo r	17	„
„ 6	oooooooooo ooooooooo r	19	„
	oooooo r	6	„
	oooooooooo r	10	„
	oooooooooo oooooooooo o r	21	„
„ 5	oooooooooo oooooooooo ooo r	23	„
	oooooooooo oooooooooo oo r	22	„
	oooooooooo oooooooooo oooo r	24	„
„ 4	oooooooooo oooooooooo oooooo r	26	„
	oooooooooo oo r	12	„
	oooooooooo ooooo r	15	„
	oooooooooo ooooooooo r	19	„
„ 3	oooooooooo oooooooooo ooooooooo r	29	„
	oooo	4	„
	oooooo r	6	„
	oooooooo r	8	„
	ooooooooo r	9	„
	oooooooooo oooooooooo r	20	„
	oooooooooo oooooooooo ooo r	23	„
„ 2	oooooooooo oooooooooo oooooooooo oooooooo r	38	„
	ooooo r	5	„
	oooooooo r	8	„
	oooooooooo oooooo r	16	„
	oooooooooo oooooooo r	18	„
„ 1	oooooooooo oooooooooo oooooooooo oooooo r	36	„

Zahl der Stufen: 15, der Äste: 44, der Ährchen: 559.

Zahl der einfachen Trauben: 6, der Doppeltrauben: 4, der echten Rispen: 34.

[1] Jeder Kreis in den nachfolgenden Diagrammen verkörpert ein Ährchen,

Agrostis spica venti.

Muster einer gut ausgebildeten Pflanze:
Länge des Blütenstandes: 36,8 cm.
„ der Stufe 1 : 10,0 cm.
„ „ „ 2 : 6,0 cm.
„ „ „ 3 : 4,8 cm.

Stufe 18 1 1 Ährchen	14 r	4 r
„ 17 1 1 „	17 r	5 r
1	29 r	10 r
„ 16 1 2 „	37 r	10 r
1	Stufe 6 69 r 166 Ährchen	18 r
„ 15 2 3 „	16 r	29 r
1	25 r	30 r
„ 14 3 4 „	31 r	32 r
2	50 r	38 r
„ 13 4 6 „	66 r	40 r
2	„ 5 104 r 292 „	49 r
„ 12 5 7 „	30 r	82 r
5	35 r	86 r
„ 11 8 r 13 „	39 r	90 r
7	51 r	104 r
„ 10 16 r 23 „	93 r	107 r
7	110 r	125 r
10 r	„ 4 186 r 544 „	131 r
„ 9 15 r 32 „	27 r	Stufe 2 260 r 1250 Ährchen
14 r	37 r	5
23 r	54 r	11 r
„ 8 29 r 66 „	79 r	26 r
20 r	103 r	28 r
32 r	161 r	31 r
„ 7 37 r 89 „	185 r	35 r
	„ 3 282 r 930 „	36 r
		65 r
		106 r
		114 r
		„ 1 291 r 748 „

Zahl der Stufen: 18.
„ „ Äste: 81.
„ „ Ährchen: 4177.

Äste mit einfacher Traube: 6.
„ „ Doppeltraube: 12.
„ „ echter Rispe: 63.

---

jeder Querstrich den Beginn einer neuen Stufe. Angefügtes „r“ ist Ersatz für „rispig“.

oo
ooooo
oooooooooo oo r

bedeutet also: die fragliche Stufe entsendet 1 Ast mit 2, 1 Ast mit 5 und 1 Ast mit 12 Ährchen, von denen der 12ährige Ast rispige Bauweise zeigt. Nicht mit einem „r“ versehene Äste sind von einfach oder zusammengesetzt traubiger Bauweise.

Aira. Schmele.

Gute Arten	Von minderem oder umstrittenem Werte	Ungräser
—	Flexuosa	Caespitosa.

Die Gattung Aira ist in Deutschland durch die beiden Arten Caespitosa, Rasenschmele und Flexuosa, Drahtschmele besser Waldschmele, vertreten. Sowohl in der Tracht wie in ihren Ansprüchen an den Standort sind diese beiden Schmelen recht verschieden. Gemeinsam haben sie den rispigen Blütenstand, die Zweiblütigkeit der Ährchen und die vom Spelzengrund ausgehende Begrannung. Bei Caespitosa sind die Grannen etwa von einfacher, bei Flexuosa von doppelter Blütenlänge. Die Rasenschmele bevorzugt etwas feuchte Orte, die Drahtschmele trockenen und leichten Boden, wie ihn die Kieferwälder aufweisen. Aira caespitosa, ein stattliches bis zur Höhe von 1,75 m herauswachsendes, mit einer reichlichen Menge von Wurzelblättern ausgestattetes Gras, muß infolge seiner Neigung zu rascher Verholzung als Ungras angesprochen werden. Wenn es sich auf Wiesen einstellt, wird es zudem durch die Bildung starker Horste bei der Heugewinnung lästig. Den Weiden pflegt es zu fehlen. Auf Laubwaldtriften wird es vielfach vorgefunden.

Abb. 21. Ährchen von Aira flexuosa.

Nicht weit vom Unkraut entfernt ist auch die geschlängelte oder Drahtschmele Aira flexuosa (Abb. 21). Vorzugsweise in Kiefernwaldungen heimisch kommt sie allenfalls in Zeiten großer Futterknappheit als Notbehelf in Frage. Sie erreicht nicht die Höhe der Rasenschmele, hat pfriemliche Wurzel- und Stengelblätter, läßt an höher herauswachsenden Pflanzen die Spitze des Blütenstandes etwas überhängen und macht sich im ausgebildeten Zustande durch violetten Ton und Seidenglanz der Ährchen auffällig. Am Blütenstande ist bemerkenswert die Zweizahl und die vollständig durchgeführte Dichotomie der Abästungen. Aira caespitosa besitzt in der Regel mehr als 2 Seitenäste, an diesen aber dichotome Aufteilung. Unter 100 Pflanzen enthielt die unterste Stufe zwischen 4 und 14 Seitenzweige die 2. zwischen 2 und 8 in der nachstehenden Verteilung:

2	Seitenäste	1	Pflanze
3	„	5	Pflanzen
4	„	32	„
5	„	17	„
6	„	10	„
7	„	18	„
8	„	12	„
9	„	3	„
10	„	1	„
14	„	1	„
		100	Pflanzen

Sturms Flora hat den beiden Schmelen die Gattungsbezeichnung Deschampsia beigelegt und verwendet den Namen Aira für zwei sonst üblicherweise zu Avena gestellte Gräser. Die von *Linné* herrührende Bezeichung Aira haben die Gräserwerke ihrer Mehrzahl nach aber doch beibehalten.

Besondere Mittel zur Ausrottung der Rasenschmele sind nicht bekannt geworden. Auf Weiden sorgt das Weidenvieh für das Schwinden des Grases. In jüngster Zeit wird ein „Unkraut-Ex" benanntes Mittel zur Austilgung der Rasenschmele auf den Markt gebracht. Mittelgroße Bülten sind mit $^1/_4$ l einer 2 proz. Unkraut-Ex-Lösung in ganz dünnem Strahl zu begießen. Urteile aus der Praxis liegen noch nicht vor.

Aira caespitosa.

Gut ausgebildete Pflanze

Stengelhöhe 1,60 m.

Stufe	1	10,7 cm.
„	2	7,0 cm.
„	3	5,0 cm.

Stufe 14	1	Ährchen	
„ 13	1	„	
„ 12	2	„	
	1	„	
„ 11	2	„	
	2	„	
„ 10	3 r	„	
	5	„	
„ 9	8 r	„	
	7 r	„	
„ 8	11 r	„	
	17 r	„	
„ 7	25 r	„	
	24 r	„	
„ 6	31 r	„	
	34 r	„	
„ 5	53 r	„	

	40 r	Ährchen
Stufe 4	70 r	„
	58 r	„
	61 r	„
„ 3	64 r	„
	32 r	„
	38 r	„
	39 r	„
	46 r	„
„ 2	79 r	„
	20 r	„
	22 r	„
	25 r	„
	26 r	„
	45 r	„
	47 r	„
„ 1	81 r	„

Zahl der Stufen: 14
„ „ Äste: 34.
„ „ Ährchen: 1000.

Äste mit einfacher Traube: 3.
„ „ Doppeltraube: 4.
„ „ echter Rispe: 27.

Schwach ausgebildete Pflanze
Stengelhöhe 0,62 m.
Stufe 1 3,7 cm.
„ 2 3,2 cm.
„ 3 2,6 cm.

Stufe 16 1 Ährchen
„ 15 1 „
„ 14 1 „
„ 13 2 „
2 „
„ 12 3 „
3 „
„ 11 5 „
4 „
„ 10 7 r „
7 r „
„ 9 11 r „
10 r „
„ 8 20 r „
15 r „
„ 7 27 r „
22 r Ährchen
Stufe 6 33 r „
32 r „
„ 5 51 r „
33 r „
„ 4 61 r „
15 r „
„ 3 103 r „
58 r „
„ 2 135 r „
19 r „
26 r „
„ 1 52 r „

Zahl der Stufen: 16.
„ „ Äste: 29.
„ „ Ährchen: 759.

Äste mit einfacher Traube: 3
„ „ Doppeltraube: 6.
„ „ echter Rispe: 20.

Aira flexuosa.

Gut ausgebildete Pflanze
Stengelhöhe 1 m.
Stufe 1 3,3 cm.
„ 2 2,5 cm.
„ 3 2,0 cm.

Stufe 8 o 1 Ährch.
„ 7 o 1 „
o 1 „
„ 6 o 1 „
o 1 „
„ 5 oo 2 „
oo 2 „
„ 4 oo 2 „
ooooo 5 „
„ 3 ooooooo r 7 „
oooooooo r 8 „
„ 2 ooooooooo r 9 „
oooooooooo oooo r 14 „
„ 1 oooooooooo ooooooo r 18 „

Zahl der Stufen: 8.
„ „ Äste: 14.
„ „ Ährchen: 72.
Zahl der Äste mit einf. Traube: 5.
„ „ „ „ Doppeltraube: 4.
„ „ „ „ echter Rispe: 5.

Schwach ausgebildete Pflanze
Stengelhöhe 0,67 m.
Stufe 1 2,7 cm.
„ 2 2,0 cm.
„ 3 1,3 cm.

Stufe 8 o 1 Ährch.
„ 7 o 1 „
„ 6 o 1 „
„ 5 oo 2 „
„ 4 ooo r 3 „
ooo 3 „
„ 3 oooo 4 „
oooooo 6 „
„ 2 oooooooo r 8 „
ooooooo r 7 „
„ 1 oooooooooo o r 11 „

Zahl der Stufen: 8.
„ „ Äste: 11.
„ „ Ährchen: 47.
Zahl der Äste mit einf. Traube: 3.
„ „ „ „ Doppeltraube: 4.
„ „ „ „ echter Rispe: 4.

Alopecurus. Fuchsschwanz.

Gute Arten	Von minderem oder umstrittenem Werte	Ungräser
Pratensis	Fulvus	Agrestis
	Geniculatus	

Systematisch steht dem Fuchsschwanz das Geruchgras Anthoxanthum nahe, welches ebenfalls eine mit einblütigen Ährchen versehenen Scheinähre besitzt. Der Unterschied liegt bei der Begrannung und im feineren Bau des Blütenstandes. Die Alopecurusblüte enthält nur eine Granne, die Anthoxanthumblüte deren zwei.

Für die Fuchsschwanzarten wird hier und da auch die Spelzenform als Erkennungsmittel herangezogen ebenso wie die mehr oder weniger weitgehende Verwachsung der Ährchenspelzen. Beide Merkmale lassen aber doch zuweilen im Stich. Für den Wiesenfuchsschwanz besteht vor allem die Möglichkeit einer Verwechslung mit dem Wiesenlieschgras Phleum. In diesem Falle bietet auch die Form der Ährchenspelzen einen Anhalt.

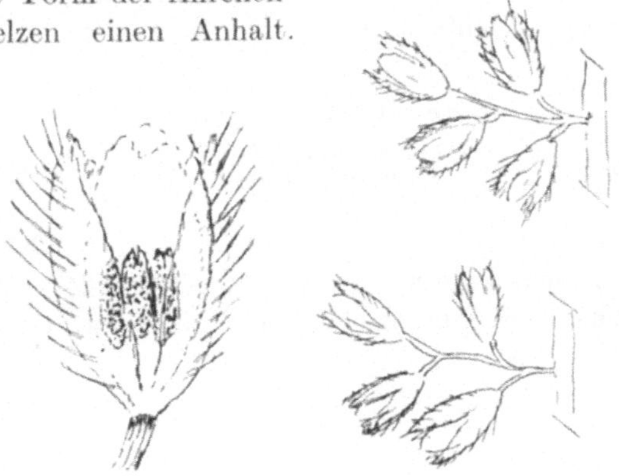

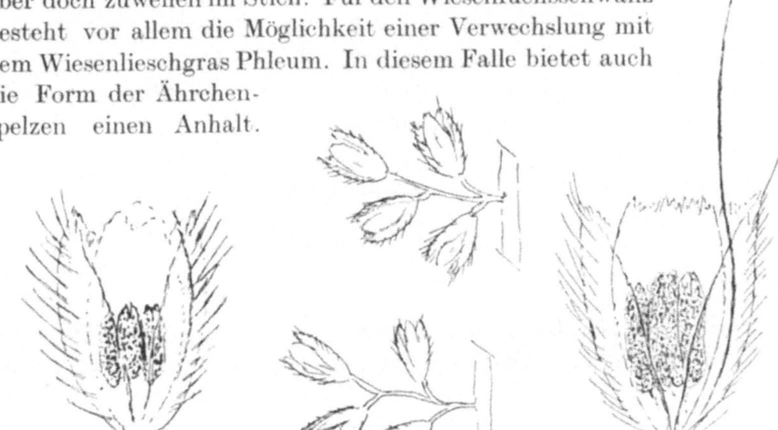

Abb. 22. Ährchen (a) und Seitenäste (b) von Alopecurus fulvus.

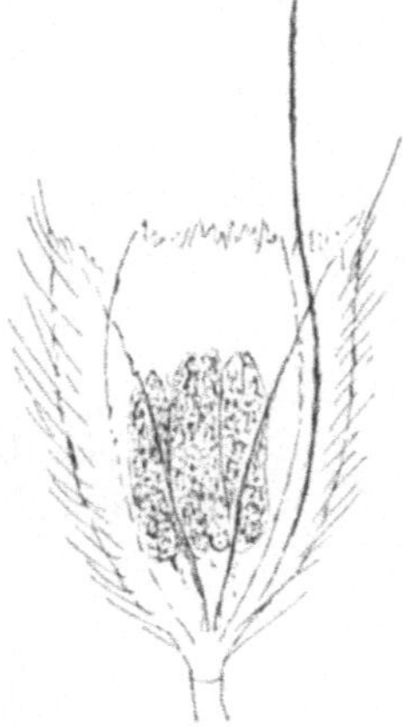

Abb. 23. Grannentragendes Ährchen von Alopecurus geniculatus.

Notwendig ist die Heranziehung dieses Kennzeichens aber keinesfalls, denn es genügt vollkommen, die Scheinähre über den Finger zu biegen und festzustellen, ob sie aus Zusammenklumpungen von Ährchen — rispig — zusammengesetzt ist oder ob sie von durchaus gleichförmiger Beschaffenheit ohne jedwede Gliederung — traubig-bürstig — ist. Im erstgenannten Falle liegt Fuchsschwanz, im letzteren Lieschgras vor. Weiterhin kann der Wiesenfuchsschwanz mit dem ebenfalls eine rispige Scheinähre ausbildenden Böhmerschen Lieschgras verwechselt werden. In diesem Falle bildet die dem Lieschgras fehlende Begrannung das Unterscheidungsmerkmal.

Von den in Deutschland vorkommenden Fuchsschwanzarten gilt Agrestis, der Ackerfuchsschwanz, als regelrechtes Ungras. A. fulvus (Abb. 22) nähert sich den Ungräsern, A. geniculatus (Abb. 23) den guten

Gräsern. Alle 3 unterscheiden sich schon durch die zierlichere Form und den traubigen Aufbau der Scheinähre Geniculatus und Fulvus, außerdem noch durch das Niederliegen ihres Stengelgrundes von dem wertvollen Wiesenfuchsschwanz. Gegenüber Geniculatus besitzt Fulvus viel kürzere, kaum aus den Spelzen heraustretende Grannen. Für die Alopecurusarten ergibt sich sonach die nachfolgende Bestimmungshilfe:

a) Scheinähre rispig, deutliche Begrannung — *Wiesenfuchsschwanz*, Pratensis.

aa) Scheinähre traubig, schmächtig.

b) Stengel aufrecht, deutlich begrannt — *Ackerfuchsschwanz*, Agrestis.

bb) Stengel am Grunde niederlegend.

c) Grannen wenig oder gar nicht über das Blütchen herausreichend — *rotgelber Fuchsschwanz*, Fulvus.

cc) Grannen etwa von zweifacher Blütenlänge — *Kniefuchsschwanz*, Geniculatus.

Ammophila. Sandgras.

Gute Arten	Von minderem oder umstrittenen Werte	Ungräser
—	—	Arenaria Baltica.

Sowohl das Dünensandgras, A. arenaria (Abb. 24), wie das weit seltenere baltische Sandgras, A. baltica, sind, landwirtschaftlich be-

Abb. 24. Ährchen (a) und Seitenast (b) von Ammophila arenaria.

trachtet, Ungräser, die aber als Bewohner des Flugsandes keine nennenswerte Rolle spielen. Beide Gräser bilden eine Scheinähre rispiger Natur aus, deren einblütige Ährchen etwas Haferartiges an sich haben. Vom Haferährchen unterscheiden sich letztere aber schon durch das Fehlen einer Begrannung. In seiner Gesamttracht erinnert das Sandgras etwas an die Strandgerste, Elymus arenarius, mit der sie auch im Küstengebiete den nämlichen Standort gemein hat.

Andropogon. Bartgras.

Gute Arten	Von minderem oder umstrittenem Werte	Ungräser
—	Ischaemon	—

Das erst ziemlich spät im Jahre in die Erscheinung tretende Bartgras müßte als Unkraut angesprochen werden, wenn es nicht gelegentlich auf trockenen Abhängen einigen Nutzen als Futter für die weidenden Schafe brächte.

Von *Wünsche, Strecker* u. a. wird Anropogon unter die Fingerährengräser gestellt, indessen zu Unrecht, denn das Gras weist deutliche Stufen auf. Die Ährchen sitzen, vollkommen ungestielt, dicht aneinander gedrängt in Auskerbungen der Seitenzweige (Abb. 25). Der Ährchenbesatz reicht nicht ganz bis an die Hauptachse heran (Abb. 26). Das Ährchen besteht aus 2 Blüten, von denen aber nur die untere zwitterig und begrannt, die obere dagegen taub ist. Infolge reichlicher Besetzung der Ährchenspindel mit Haaren (Abb. 27) erhält der Blütenstand nach dem Abblühen ein haariges Aussehen. Untere und obere Ährchenspelzen besitzen die gleiche Länge. Die Granne ist gekniet, von bräunlicher Farbe und etwa von der 4fachen Ährchenlänge. Die Anzahl der seitlichen Ährenäste beträgt vorwiegend 5. Von 50 Pflanzen besaßen

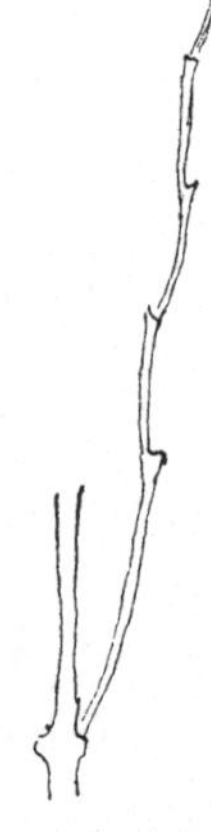

Abb. 25. Seitenast von Andropogon mit Spindeleinkerbungen.

Abb. 26. Blütenstand, von Andropogon ischaemon, etwas schematisiert.

Abb. 27. Ährchen von Andropogon ischaemon.

3 Äste	. . . .	10 = 20%
4 „	. . . .	8 = 16%
5 „	. . . .	23 = 46%
6 „	. . . .	9 = 18%

Auf jeder Stufe stehen sich 2 Seitenähren gegenüber. Die Spitze der Hauptachse schloß bei 50 Pflanzen 21 mal mit einer Einzelähre 29 mal mit paarigen Ähren ab.

Zu den besonderen Eigentümlichkeiten des Bartgrases gehört noch daß es aus den unteren Stengelknoten Seitentriebe entläßt, einen etwas breit gedrückten Stengel mit seitlicher Rinne besitzt und daß die oberen Halmknoten rote Färbung aufweisen. Das Blatthäutchen ist zottelig gestaltet. Der untere Teil des Halmes ist markig.

Anthoxanthum. Geruchgras.

Gute Arten	Von minderem oder umstrittenem Werte	Ungräser
Odoratum	—	Puelii

Die beiden in Deutschland heimischen Geruchgräser, von denen Odoratum wohl als gutes, wenn auch seinem wahren Werte nach etwas überschätztes Gras Puelii als Ungras anzusprechen ist, haben als Blütenstand eine hauptachsige also einfache traubige Scheinähre (Abb. 28), welche aber nicht so walzig geformt und so dicht geschlossen ist wie beim Fuchsschwanz und dem Lieschgras, sondern eine lockere Beschaffenheit aufweist. Hervorgegangen ist die Scheinähre aus einer einfachen, quirlästigen Traube (Abb. 29). Die Ährchen gelten als einblütig, sind in

Abb. 28. Blütenstand von Anthoxanthum odoratum.

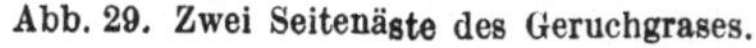

Abb. 29. Zwei Seitenäste des Geruchgrases.

Wirklichkeit aber dreiblütig, da rechts und links von der Zwitterblüte etwas tiefer noch je eine männliche Blüte steht.

Zu den Eigentümlichkeiten gehört das Vorhandensein von 4 Ährchenspelzen, von nur 2 Staubgefäßen und von sehr langen, während der Blüte weit aus dem Ährchen hervorragenden Staubfäden und Narbenästen (Abb. 31). Zwei der Ährchenspelzen sind zudem entgegen der Regel begrannt (Abb. 30). Ganz auffallend ist das Größenverhältnis zwischen dem Blütchen und seinen Staubbeuteln (Abb. 31). Die Halmdicke überschreitet selten 1 mm. Das Blatthäutchen bildet einen schmalen Ring mit ausgefranstem Rande. Im Schatten stehende Pflanzen zeigen grüne, im Freien befindliche rot-violette Halmknoten. Die Blätter sind im Höchstfalle 5 cm lang und am obersten Stengelglied nur von etwa $^1/_5$ der Blattscheidenlänge.

Abb. 30. Ährchen von Anthoxanthum odoratum.

Abb. 31. Fruchtknoten des Geruchgrases mit den 2 Staubbeuteln und 2 Narbenästen.

Der Futterwert vom Geruchgras ist nicht erheblich, denn schon nach dem 1. Schnitt tritt Verholzung ein. Sein Hauptnutzen besteht deshalb eigentlich nur in dem angenehmen Geruch, welchen es dem Heue verleiht. *Puels* Ruchgras ist kleiner und vorwiegend Bewohner sandiger Felder im Lüneburgischen und in Mecklenburg, woselbst es unter dem Roggen als Unkraut auftritt.

Avena. Hafer (einschl. Arrhenatherum).

Gute Arten	Von minderem oder umstrittenem Werte	Ungräser
Elatior	Caryophyllea	Brevis
Pubescens	Praecox	Fatua
	Pratensis	Strigosa.
	Tenuis	

Die zur Gattung Avena vereinigten Gräser sind ihrer Tracht nach recht verschieden, wie u. a. eine Gegenüberstellung von A. praecox und A. sativa lehrt. Diese Verschiedenheiten erstrecken sich auch auf die feineren Merkmale. Übereinstimmung zeigt der Blüten- und Ährchenaufbau nach außen hin.

Für Deutschland kommen in der Hauptsache nur die obengenannten Vertreter in Betracht. Ihnen allen kommt zu ein vollkommen von den Ährchenspelzen eingehülltes Ährchen, eine äußere Blütenspelze von harter Beschaffenheit, rundem Rücken, lanzettlicher Gestalt, mit zweizipfeliger Spitze und rückenbürtiger, langer, am Grunde gedrehter Granne. Schwankend ist die Zahl der Zwitterblüten im Ährchen, die Blütenstandsform, die Behaarung der Ährchenspindel und die Bezahnung der äußeren Blütenspelze.

Von manchen Systematikern wird der hohe Wiesenhafer (Arrhenatherum) und der Goldhafer (Trisetum) von der Gattung Avena abgespalten, ersterer zu Unrecht, letzterer berechtigterweise.

Bestimmungsschlüssel für die wichtigsten Avenaarten.

a) Die Blätter sind *pfriemlich* zusammengerollt.

b) Ährchen so kurz gestielt, daß der Blütenstand an eine Scheinähre erinnert, äußere Blütenspelze mit zwei kurzen Zähnchen — *Zwerghafer,* A. praecox.

bb) Ährchen lang gestielt, Blütenstand eine zusammengesetzte Traube, äußere Blütenspelze mit zwei lang ausgezogenen Zähnen. Immer je zwei Abästungen — *Nelkenhafer,* A. caryophyllea.

aa) Die Blätter sind *flach* ausgebreitet.

c) Die Ährchen stehen (auch bei der Reife) *aufrecht.*

d) Halm und Blattscheide *breitgedrückt,* am Grunde kurze breite stumpf endende Blätter — *Platthalmhafer,* Planiculmis.

dd) Halm und Blattscheide im Querschnitt annähernd kreisförmig.

e) Unterste Stufe mit *nicht mehr* als *zwei* Abästungen — *Wiesenhafer,* Pratensis.

ee) Unterste Stufe mit *mehr* als *zwei* Seitenästen.

f) Nur *eine Granne* im Ährchen — *Glatthafer,* Elatior.

ff) *Mehr* als eine Granne im Ährchen, gewöhnlich deren 2—4, Blüten haarig — *Flaumhafer,* Pubescens.

cc) Die Ährchen *hängen* spätestens gegen die Reife hin herab.

g) Spelze der unteren Blüte *ohne rückenbürtige* Granne dafür aus der Spitze eine kurze grannenartige Verlängerung — *Zarthafer, Tenuis.*

gg) Alle Ährchen mit Grannen aus der *Mitte* des Spelzenrückens.

h) Spelze der unteren Blüte in *zwei Börstchen* ausgezogen.

i) Im Ährchen *eine Granne* — *Wildhafer,* Strigosa.

ii) Im Ährchen *zwei* Grannen — *Kurzhafer,* Brevis.

hh) Blütenspelze an der Spitze mit *zwei* dreieckigen *Zipfeln.*

k) Rücken der Blütenspelzen ganz *kahl,* höchstens schwach behaart, Spelzenfarbe *grün.*

l) Blütenstandsäste *allseitwendig* — *Saathafer,* Sativa.

ll) Blütenstandsäste *einseitwendig* — *Fahnenhafer,* Orientalis.

kk) Rücken der Blütenspelze bis zum Grannenansatz stark *behaart,* Blütenspelzen *braun* — *Flughafer,* Fatua.

Die der Gattung Avena zuzuteilenden Gräser zerfallen ihrer Blütenstandstracht nach in 4 Gruppen.

1. *Scheinähre,* Praecox.

2. *Gedrungene Mischtraube* bei Vorherrschen der *einfachen Traube.* Kurze Seitenäste, kurze Ährchenstiele, große (0,7 → 1,7 cm) aufwärts gerichtete Ährchen in mäßig großer Anzahl (15→100). Elatior, Planiculmis, Pratensis, Pubescens.

3. *Luftige Mischtraube* bei Vorherrschen der *einfachen Traube.* Lange Seitenäste, lange Ährchenstiele, große (bis 3 cm), spätestens bei der Reife abwärtsgerichtete Ährchen. Brevis, Fatua, Nuda, Orientalis, Sativa, Strigosa.

4. *Luftige Mischtraube* bei Vorherrschen der *zusammengesetzten Traube* oder *echten Rispe,* lange Seitenäste, lange Ährchenstiele, mittelgroße bis kleine (0,1—0,2 cm), regellos gestellte Ährchen. Caryophyllea, Tenuis.

Abgesehen vom Flughafer, Fatua, der allgemein als Ungras und vom Saat-, Fahnen-, Glatt- und Flaumhafer, die allgemein als Nutzgräser anerkannt werden, gehen die Meinungen der Landwirte und Botaniker über die Bewertung der sonstigen Angehörigen der Hafergattung weit auseinander. *Leunis* stellt den Wildhafer, Strigosa, und den Kurzhafer, Brevis, unter die Ungräser, Nelkenhafer, Caryophyllea, Zwerghafer, Praecox, Zarthafer, Tenuis zählt er nicht dazu. Nach *Sturms* Flora sind alle die vorbenannten Gräser landwirtschaftlich noch brauchbar. Vom Standpunkte des Landwirtes aus gesehen entbehren sie, von einigen Ausnahmefällen etwa abgesehen, des Wertes. Als Nutzgras wird hier und da der Wiesen- (besser Berg-)hafer in Anspruch genommen, im ganzen nähert er sich aber doch den Ungräsern mehr als den guten. Der platthalmige Hafer Planiculmis entbehrt bei seinem örtlich beschränkten Vorkommen der allgemeinen Bedeutung.

Verwechslungen sind zu gewärtigen einmal zwischen Wiesenhafer Pratensis, Flaumhafer, Pubescens und Glatthafer, Elatior und sodann zwischen Wildhafer, Strigosa, Kurzhafer, Brevis und Saathafer, Sativa.

Anmerkungen zu den einzelnen Arten:

A. brevis, Kurzhafer, auch Sperlingsschnabel genannt. Er gleicht in seiner Tracht dem angebauten Hafer, von dem er sich durch die höchstens 1,5 cm langen Ährchen unterscheidet. Der Blütenstand besteht aus einer Mischtraube, in welcher die einfache Traube, wie die umseitigen Diagramme ausweisen, vorherrscht.

Die Samen fallen nicht aus. Die Felder lassen sich deshalb durch Zukauf von Saat aus einer Gegend, in welcher der Kurzhafer nicht auftritt, reinhalten.

A. caryophyllea, Nelkenhafer. Seine eigentliche Heimat sind Sandböden im Holsteinischen. In Mitteldeutschland spielt er keine Rolle. Das außerordentlich zierliche Gras wurde von *Linné* unter die Schmelen, Gattung Aira, gestellt. Das Gras erinnert in der Tracht, durch die Kleinheit seiner Ährchen, durch die borstigen Blätter und durch die bis in das Einzelste durchgeführte Abästung von jedesmal 2 Ästen

Avena brevis.

Gut ausgebildete Pflanze

Stufe 7	o	1 Ährchen.
„ 6	o	1 „
	o	1 „
„ 5	o	1 „
	o	1 „
	o	1 „
„ 4	oo	2 „
	o	1 „
	o	1 „
	o	1 „
	o	1 „
	o	1 „
„ 3	o	1 „
	o	1 „
	o	1 „
	o	1 „
	o	1 „
	o	1 „
	o	1 „
	oo	2 „
„ 2	oo	2 „
	oooo	4 „
„ 1	oooooooo r	8 „

Zahl der Stufen: 7.
„ „ Äste: 23.
„ „ Ährchen: 36.
„ „ einfachen Trauben: 18.
„ „ Doppeltrauben: 4.
„ „ echten Rispen: 1.

Schwach ausgebildete Pflanze

Stufe 6	o	1 Ährchen
„ 5	o	1 „
	o	1 „
„ 4	o	1 „
	o	1 „
	o	1 „
	o	1 „
„ 3	o	1 „
	o	1 „
	o	1 „
	o	1 „
	o	1 „
	oo	2 „
„ 2	oo	2 „
	o	1 „
	o	1 „
	o	1 „
	oo	2 „
	ooo	3 „
„ 1	oooo	4 „

Zahl der Stufen: 6.
„ „ Äste: 20.
„ „ Ährchen: 28.
„ „ einfachen Trauben: 15.
„ „ Doppeltrauben: 5.
„ „ echten Rispen: 0.

an die Waldschmele Aira flexuosa. Mit Avena hat es die rückenbürtige Granne gemein. Bessere Böden, vor allem Kalkböden werden von dem Grase gemieden (Abb. 32).

Elatior, Glatthafer, hoher Wiesenhafer. Im Aufbau des Blütenstandes ähnelt das Gras dem Flaum-, Wiesen- und Platthafer. Durch das Vorhandensein von nur 1 Zwitterblüte und einer einzigen Granne (Abb. 33) unterscheidet sich der Glatthafer, abgesehen von seiner größeren Halmlänge, von den genannten Grasarten, die mehr als eine Zwitterblüte und mehr als eine Granne im Ährchen besitzen. Manche Systematiker trennen den Glatthafer als Arrhenatherum von Avena ab. Diese Absonderung erscheint aber nicht hinlänglich gerechtfertigt. Der Blütenstand ist als mehrästige *Mischtraube* anzusprechen, in welcher die *einfache Traube* überwiegt. Nebenseitig 2 Muster.

Dann und wann findet sich einmal ein rispiger Ast im Blütenstand vor. Die Blütenstandslänge bewegt sich von 14,3—38 cm (Mittel von 51 Pflanzen 22,6 cm). Die Zahl der Stufen schwankt zwischen 7 und 13,

Avena elatior.

Gut ausgebildete Pflanze

Stufe 11 o 1 Ährchen
„ 10 o 1 „
o
o
„ 9 o 3 „
o
o
o
o
„ 8 oo 5 „
o
o
o
o
„ 7 oo 6 „
o
o
o
o
„ 6 oo 6 „
o
o
o
„ 5 oo 5 „
o
o
o
o
o
o
o
„ 4 ooooo 12 „
o
o
o
o
oo
„ 3 oo 8 „
o
o
o
o
o
o
o
oo
oo
ooo
„ 2 ooo 17 „

Gut ausgebildete Pflanze

o
o
o
o
oo
oo
oooo
oooo
Stufe 1 ooooooo r 23 Ährchen

Zahl der Stufen: 11.
„ „ Äste: 58.
„ „ Ährchen: 87.
„ „ einfachen Trauben: 43.
„ „ Doppeltrauben: 14.
„ „ echten Rispen: 1.

Schwach ausgebildete Pflanze

Stufe 7 o 1 Ährchen.
„ 6 o 1 „
„ 5 o 1 „
o
„ 4 o 2 „
o
„ 3 o 2 „
o
„ 2 o 2 „
oo
„ 1 oooo 6 „

Zahl der Stufen: 7.
„ „ Äste: 11.
„ „ Ährchen: 15.
„ „ einfachen Trauben: 9.
„ „ Doppeltrauben: 2.
„ „ echten Rispen: 0.

die Länge der 1. Stufe zwischen 1,4 und 8,9 cm (Mittel von 51 Pflanzen 4,4 cm), der 2. Stufe zwischen 1,6 und 4,9 cm (Mittel von 51 Pflanzen 3 cm), der 3. Stufe zwischen 1,4 und 3,7 cm (Mittel von 51 Pflanzen 2,3 cm), die Zahl der Ährchen zwischen 15 und 100, die Zahl der Abästungen beträgt im Mittel auf der 1. Stufe 5 (1—9) auf der 2. Stufe 6 (2—11).

Der Glatthafer zeigt häufig Befall mit Flugbrand Ustilago perennans und mit Kronenrost Puccinia coronata.

A. *fatua, Flughafer.* Wesentliches Kennzeichen des Flughafers ist die kräftige Behaarung der Ährchenspindel und der Blütenspelzen (Abb. 34). In gleicher Weise sind zwar auch A. barbata und A. sterilis behaart, beide kommen aber in Deutschland kaum vor. Die übliche Zahl der Blüten im Ährchen beträgt 3, davon sind aber nur 2 vollkommen ausgebildet und mit Grannen versehen. Mit dem Altern nehmen die Blütenspelzen und besonders auch die Grannen eine braune Färbung an. Gelegentlich wird eine solche auch beim Wildhafer A. strigosa vorgefunden. Der Blütenstand ist eine *quirlästige Traube* von ziemlich einfacher Zusammensetzung und geringer, zwischen 10 und 15 schwankender Ährchenzahl. Die Ährchenlänge bewegt sich zwischen 1,4 und 1,9 cm.

Abb. 32. Ährchen von Avena caryophyllea mit den zweiborstigen Blütenspelzen.

Abb. 33. Ährchen von Avena elatior.

Abb. 34. Ährchen von Avena fatua.

Im Gegensatz zu den übrigen Haferarten, welche zu leichten, sandigen, etwas säuerlichen Böden hinneigen, zieht Fatua kalkige mergelige Böden vor. Die Bekämpfung des Flughafers begegnet erheblichen Schwierigkeiten, weil seine Samen bereits vor der Ernte ausfallen und

Gut ausgebildete Pflanze

Stufe 5 o 1 Ährchen
„ 4 o 1 „
„ 3 o 1 „
o
o
„ 2 oo 4 „
o
o
oo
„ 1 oooo 8 „

Zahl der Stufen: 5.
„ „ Äste: 10.
„ „ Ährchen: 15.
„ „ einfachen Trauben: 7.
„ „ Doppeltrauben: 3.
„ „ echten Rispen: 0.

Schwach ausgebildete Pflanze

Stufe 5 o 1 Ährchen
„ 4 o 1 „
o
„ 3 o 2 „
o
„ 2 o 2 „
o
o
„ 1 oo 4 „

Zahl der Stufen: 5.
„ „ Äste: 9.
„ „ Ährchen; 10.
„ „ einfachen Trauben: 8.
„ „ Doppeltrauben: 1.
„ „ echten Rispen: 0.

jahrelang im Boden zubringen können, ohne ihre Keimfähigkeit einzubüßen. Verschleppung durch das Saatgut ist unter den heutigen Verhältnissen wohl kaum noch zu gewärtigen muß dessenungeachtet im Auge behalten werden. Durch ihre braune Färbung machen sich die Samen des Flughafers gut kenntlich. Hauptbekämpfungsmittel bleibt eine wohlgeordnete Fruchtfolge, in welcher Hack- bzw. Mähefrucht mit Halmfrucht und ihnen ähnlichen Pflanzen, also Raps, Lein, Pferdebohnen, Mohn wechseln. Ferner müssen die Keimungsverhältnisse für den Flughafer so ungünstig wie möglich gestaltet werden, was vor allem durch dichten und lückenlosen Bestand der Feldpflanzen erzielt werden kann. Das sonst gegen Unkräuter so wirksame Eggen im Frühjahr und Herbst leistet im vorliegenden Falle nur Unvollkommenes.

Ob die Samen des Flughafers infolge ihrer Behaarung wirklich in erheblichem Maße durch den Wind verweht werden, bedarf noch der Sicherstellung.

A. nuda. Der *Nackthafer* soll in Deutschland angebaut und verwildert vorkommen. Seine Ährchen erreichen eine Größe von 2 cm und darüber. Die Blüten werden von den Ährchenspelzen nicht vollkommen eingehüllt.

A. orientalis, der *Fahnenhafer* bildet eine Mischtraube aus, die sich von der der übrigen Haferarten nur durch ihre Einseitwendigkeit und die größere Ährchenzahl im Blütenstande unterscheidet.

A. planiculmis. Dem *Platthafer* sind breitgedrückte Blattscheiden und Halme eigentümlich. In der Tracht des Blütenstandes nähert er sich dem Flaumhafer A. pubescens. Im übrigen ist der Platthafer aber von robusterer Bauart als letzterer. Er kommt nur in Gebirgsgegenden vor, woselbst er auf frischen, gut bewässerten Böden ein brauchbares Gras liefern soll. Die zwar kurzen, dafür aber breiten und ziemlich zahlreichen Grundblätter gewährleisten Masse.

Abb. 35. Blütenstand von Avena pubescens.

A. praecox. Der *Zwerghafer*, ein Gras mit borstigen Blättern, erinnert mit seinem Blütenstand an das Geruchgras Anthoxanthum odoratum. Er bevorzugt sandige Böden, bleibt niedrig im Wuchs und bildet nirgends geschlossene Rasen, kann deshalb als Ungras angesprochen werden, dessen Bedeutung aber eine geringe ist.

A. pratensis. Die von *Linné* herrührende Bezeichnung als Wiesengras ist insofern irreführend, als A. pratensis *kein* gutes Wiesengras darstellt. Durch seinen Blütenstand, eine einfache, auf den unteren Stufen höchstens zweiästige *Traube* mit Ährchenstielen, welche sich der Blütenstandsachse anlegen, ist das Gras gut gekennzeichnet. Als Muster mögen die beiden nachfolgenden Aufnahmen dienen.

Die Ährchenlänge wechselte bei 50 Pflanzen von 1,1—2 cm (Mittel 1,5 cm).

Avena pratensis.

Gut ausgebildete Pflanze

Stufe	11	o	1	Ährchen
„	10	o	1	„
„	9	o	1	„
„	8	o	1	„
„	7	o	1	„
„	6	o	1	„
„	5	o	1	„
„	4	o	1	„
		o	1	„
„	3	o	1	„
		o	1	„
„	2	o	1	„
		o	1	„
„	1	oo	2	„

Zahl der Stufen: 11.
„ „ Äste: 14.
„ „ Ährchen: 15.
„ „ einfachen Trauben: 13
„ „ Doppeltrauben: 1.
„ „ echten Rispen: 0.

Schwach ausgebildete Pflanze

Stufe	7	o	1	Ährchen.
„	6	o	1	„
„	5	o	1	„
„	4	o	1	„
„	3	o	1	„
„	2	o	1	„
		o	1	„
„	1	o	1	„

Zahl der Stufen: 7.
„ „ Äste: 8.
„ „ Ährchen: 8.
„ „ einfachen Trauben: 8.
„ „ Doppeltrauben: 0.
„ „ echten Rispen: 0.

Die Blüten tragen an ihrem Grunde einen Kranz kurzer, steifer Haare. Die Ährchen werden von ihren Spelzen nur unvollkommen eingehüllt. Anlaß zur Ergreifung von Bekämpfungsmaßregeln liegt nicht vor. In dürftigeren Gegenden muß das Gras als Weidefutter herangezogen werden.

A. pubescens. Der *Flaumhafer* hat seine Benennung von der reichlichen, offen zutage tretenden Behaarung der Ährchenspindel (Nicht Blüten!) erhalten. A. pubescens bildet die „erweiterte" Ausgabe von pratensis. Die Zahl der Abästungen auf den unteren Stufen beträgt mehr als 2, die Behaarung, die Zahl der Blüten im Ährchen und dementsprechend auch die Anzahl der Grannen ist ausgiebiger. Auch der Blütenstand ist umfangreicher, (Abb. 35).

Gut ausgebildete Pflanze

Stufe 13 o 1 Ährchen
„ 12 o 1 „
„ 11 o 1 „
„ 10 o 1 „
o
„ 9 o 2 „
o
o
„ 8 o 3 „
o
o
„ 7 oo 4 „
o
o
o
„ 6 oo 5 „
o
o
o
„ 5 oo 5 „

o
o
o
Stufe 4 oo 5 Ährchen
o
o
„ 3 oo 4 „
o
o
o
o
„ 2 oo 6 „
o
o
„ 1 oo 4 „

Zahl der Stufen: 13.
„ „ Äste: 35.
„ „ Ährchen: 42.
„ „ einfachen Trauben: 28.
„ „ Doppeltrauben: 7.
„ „ echten Rispen: 0.

Schwach ausgebildete Pflanze

Stufe 9 o 1 Ährchen.
„ 8 o 1 „
„ 7 o 1 „
o
„ 6 o 2 „
o
„ 5 o 2 „
o
„ 4 o 2 „
o
o
„ 3 o 3 „

o
o
o
Stufe 2 o 4 Ährchen
o
o
o
„ 1 o 4 „

Zahl der Stufen: 9.
„ „ Äste: 20.
„ „ Ährchen: 20.
„ „ einfachen Trauben: 20.
„ „ Doppeltrauben: 0.
„ „ echten Rispen: 0.

A. pubescens ist hiernach ein *Traubengras*, im gut ausgebildeten Zustande mit *Mischtraube* im schwach ausgebildeten mit *einfacher Traube*.

Verwechslungen mit pratensis lassen sich durch Nachzählen der Seitenäste auf den beiden unteren Stufen vermeiden, da pratensis deren höchstens 2 pubescens aber mehr als 2 aufweist. A. pubescens gilt als gutes Wiesengras überall dort, wo das Land frisch ist, auf trockenen Böden wird er leicht hart.

A. sativa. Auch der Saathafer geht im Ausbau seines Blütenstandes nicht bis zur echten Rispe, trägt vielmehr eine *Mischtraube* mit etwa einem Viertteile zusammengesetzter Traube.

Gut ausgebildete Pflanze

Länge des ganzen Blütenstand.: 21,0 cm.
,, der Stufe 1: 5,3 cm.

Länge der Stufe 2: 4,8 cm.
,, ,, ,, 3: 3,5 cm.

Stufe 7	o	1	Ährchen
,, 6	o	1	,,
	o	1	,,
,, 5	o	1	,,
	o	1	,,
	o	1	,,
	o	1	,,
,, 4	o	1	,,
	o	1	,,
	o	1	,,
	o	1	,,
	o	1	,,
	oo	2	,,
,, 3	oo	2	,,
	o	1	Ährchen
	o	1	,,
	o	1	,,
	o	1	,,
	o	1	,,
	oo	2	,,
	oo	2	,,
	oooo	4	,,
Stufe 2	oooo	4	,,
	o	1	,,
	o	1	,,
	o	1	,,
	o	1	,,
	oo	2	,,
	oooo	4	,,
	ooooo	5	,,
,, 1	ooooo	5	,,

Zahl der Stufen: 7.
,, ,, Äste: 31.
,, ,, Ährchen: 53.

Zahl der einfachen Trauben: 21.
,, ,, Doppeltrauben: 10.
,, ,, echten Rispen: 0.

Schwach ausgebildete Pflanze

Länge des ganzen Blütenstand. 16,0 cm.
,, der Stufe 1: 3,9 cm.

Länge der Stufe 2: 4,0 cm.
,, ,, ,, 3: 2,8 cm

Stufe 5	o	1	Ährchen.
,, 4	o	1	,,
	o	1	,,
,, 3	o	1	,,
	o	1	,,
	o	1	,,
,, 2	oo	2	,,
	o	1	Ährchen
	o	1	,,
	o	1	,,
	o	1	,,
	o	1	,,
Stufe 1	oo	2	,,

Zahl der Stufen: 5.
,, ,, Äste: 13.
,, ,, Ährchen: 15.

Zahl der einfachen Trauben: 11.
,, ,, Doppeltrauben: 2.
,, ,, echten Rispen: 0.

Ährchenlänge von 2,0—2,4 cm.

A. sterilis. Der *Taubhafer* schließt sich der Fatuagruppe an. In allen Teilen ist er noch etwas massiger als der Flughafer. Die Ährchen messen bis 3 cm, die Grannen 5—6 cm. Neben zwei begrannten Blüten pflegen noch drei unbegrannte im Ährchen vorhanden zu sein. Das Gras wird aus seiner ständigen Heimat, dem südlichen Europa, gelegentlich einmal mit Saatgut nach Deutschland eingeschleppt, spielt deshalb bei uns keine Rolle von irgendwelcher Bedeutung.

Gut ausgebildete Pflanze

Stufe 6	o	1 Ährchen
„ 5	o	1 „
„ 4	o	1 „
	o	1 „
„ 3	o	1 „
	o	1 „
	o	1 „
	o	1 „
„ 2	oo	2 „
	o	1 „
	o	1 „
	oo	2 „
„ 1	oooo	4 „

Zahl der Stufen: 6.
„ „ Äste: 13.
„ „ Ährchen: 18.
„ „ einfachen Trauben: 10.
„ „ Doppeltrauben: 3.
„ „ echten Rispen: 0.

Schwach ausgebildete Pflanze

Stufe 5	o	1 Ährchen
„ 4	o	1 „
	o	1 „
	o	1 „
„ 3	o	1 „
	o	1 „
„ 2	oo	2 „
	o	1 „
	o	1 „
	o	1 „
„ 1	o	1 „

Zahl der Stufen: 5.
„ „ Äste: 11.
„ „ Ährchen: 12.
„ „ einfachen Trauben: 10.
„ „ Doppeltrauben: 1.
„ „ echten Rispen: 0.

A. strigosa. Der *Wildhafer* ist unter den mit hängenden Ährchen ausgestatteten Haferarten die einzige, deren äußere Blütenspelzen an Stelle zweier Zähnchen 2 dünne Börstchen von ansehnlicher Länge aufweist. In der ganzen Tracht ähnelt der Wildhafer, der — wenigstens für Deutschland — unter die Ungräser gestellt werden muß, dem Saathafer. Der wesentliche Unterschied liegt in der Begrannung. Saathafer besitzt nur eine Granne im Ährchen, Wildhafer deren 2. Die Strigosasamen sind von schwarzer Färbung und zudem kleiner als die Sativasamen.

Abb. 36. Ährchen von Avena tenuis m. zweiborstigen Blütenspelzen.

A. tenuis. Der *Zarthafer* ist ein namentlich in Westdeutschland verbreitetes Gras, welches durch die langen sehr dünnen Äste und die geringe Anzahl von Ährchen auffällt. Es gibt keine Masse her und bleibt deshalb ohne erheblichen Futterwert, darf gleichwohl nicht als regelrechtes Ungras angesehen werden. Der

Blütenstand besteht aus einer *Mischtraube*. Bemerkenswert an dem Grase sind die mit 2 ziemlich langen Borsten ausgestatteten Blütenspelzen (Abb. 36).

Brachypodium. Zwenke.

Gute Arten	Von minderem oder umstrittenem Werte	Ungräser
—	Silvaticum	Pinnatum.

Bei beiden Zwenken können Zweifel auftauchen, ob ihr Blütenstand als einfache Traube oder als unterbrochene Ähre anzusprechen ist. Sofern bei beiden Gräsern eine Bestielung der Ährchen vorliegt, bleibt sie doch immer sehr kurz. Es besteht deshalb immerhin die Möglichkeit einer Verwechselung der Zwenken mit den Quecken und den Lolcharten. Zur Vermeidung solcher dient die Gestalt der Ährchen. Die der Zwenke sind — vor der Reife! — drehrund-walzig, an den Enden etwas zugespitzt, im Querschnitt kreisförmig, die der Quecken und Weidelgräser breitgedrückt, flach, im Durchschnitt gestreckt oval. Auch durch ihre die ganze Pflanze überziehende Behaarung unterscheiden sich die beiden Zwenken von Agropyrum und Lolium.

Die Fiederzwenke, Br. pinnatum, welche als Standort offenes, felsiges Gelände mit ärmlicher Bodendecke wählt, darf, da sie immer sehr schnell erhärtet, als Ungras angesehen werden. Etwas größerer Wert kommt der in lichten Wäldern heimischen Waldzwenke Br. silvaticum zu, sie dient dem Wilde als Nahrung und wird in Notfällen auch als Futter für das Wirtschaftsvieh herangezogen. Die Fiederzwenke ist zu erkennen an ihren sehr kurzen, die Waldzwenke an den etwa die halbe Ährchenlänge erreichenden, haardünnen und zusammengewundenen Grannen. Br. pinnatum trägt den Blütenstand aufrecht, Br. silvaticum überhängend. Die Ährchen enthalten 8—10 Blüten, der Blütenstand ist mit 6—11 Ährchen besetzt.

Briza. Zittergras.

Gute Arten	Von minderem oder umstrittenem Werte	Ungräser
—	Media.	—

Das Zittergras ist durch seine ganze Tracht, voran durch die gedrungen herzförmigen Ährchen, gegenüber allen anderen Gräsern gut gekennzeichnet. Sein Blütenstand besteht aus einer sehr luftigen und sehr einfach gebauten *Mischtraube*, der bei sehr gut ausgebildeten Pflanzen einige Äste Rispe beigemischt sind. Nachstehend 2 Muster aus 50 Aufnahmen:

Gut ausgebildete Pflanze

Stufe 10	o	1 Ährchen
„ 9	o	1 „
	o	
„ 8	o	2 „
	o	
„ 7	o	2 „
	o	
„ 6	oo	3 „
	oo	
„ 5	ooo	5 „
	oo	
„ 4	oooo	6 „
	ooo	
„ 3	ooooo	8 „
	ooooo r	
„ 2	oooooo r	11 „
	oooooo r	
„ 1	ooooooo r	13 „

Zahl der Stufen: 10.
„ „ Äste: 18.
„ „ Ährchen: 52.
Äste mit einfacher Traube: 7.
„ „ zusammenges. Traube: 7.
„ „ echter Rispe: 4.

Schwach ausgebildete Pflanze

Stufe 6	o	1 Ährchen
„ 5	o	1 „
	o	
„ 4	o	2 „
	o	
„ 3	oo	3 „
	o	
„ 2	oo	3 „
	oo	
„ 1	oo	4 „

Zahl der Stufen: 6.
„ „ Äste: 10.
„ „ Ährchen: 14.
Äste mit einfacher Traube: 6.
„ „ zusammenges. Traube: 4.
„ „ echter Rispe: 0.

Beide Aufnahmen lassen bereits erkennen, daß der Blütenstand seine Seitenäste zu je 2 ablaufen läßt. Von 50 Pflanzen waren auf der 1. Stufe 46, auf der 2. Stufe 45 mit 2 Abästungen versehen. Unter den im ganzen 652 Ästen der 50 Pflanzen befanden sich 29 mit rispiger Ausbildung.

Das Zittergras bedarf sonniger Standörter, bildet niemals dichte Rasen und gibt so wenig Masse her, daß es für landwirtschaftliche Zwecke kaum von Bedeutung ist. Gärtnerisch findet es häufig nutzbringende Anwendung.

Bromus. Trespe.

Gute Arten	Von minderem oder umstrittenem Werte	Ungräser
—	Erectus	Asper
	Inermis	Arvensis
	Mollis	Secalinus
	Racemosus	Sterilis
		Tectorum.

Die Trespen stehen im großen und ganzen den Ungräsern näher als den Nutzgräsern. Für nicht feuchte und genügend kalkhaltige Böden kann unter Umständen die Wiesentrespe, Br. erectus, Brauchbares leisten. Überaus verschiedenartig wird die Flaumtrespe, Br. mollis, beurteilt. *Hallier* erblickt in ihr ein vortreffliches Futtergras. Von anderer Seite wird sie den Ungräsern zugeteilt. Ebenso umstritten ist die grannenlose Trespe, Br. inermis, die aber wegen ihrer frühzeitig hervortretenden Neigung zur Verholzung und ihrer zahlreichen Wurzelausläufer halber doch wohl unter die Ungräser gestellt werden muß. Br. racemosus, die Traubentrespe, darf etwas günstiger beurteilt werden als jene. Die übrigen Trespen sind nichts anderes als Ungräser.

Unter den Blütenständen herrscht die einfache und die Doppeltraube vor. Die Ährchen besitzen erhebliche Größe, ihre Anzahl im Blütenstand ist gering. 105 war die höchste Ziffer, welche (bei tectorum) ermittelt werden konnte. Das Ende des Blütenstandes trägt nur wenig Einzelährchen, ein Umstand, welcher zur bequemen Unterscheidung, von Festuca, den Schwingeln, geeignet ist. Aus mehreren Hundert von Blütenstandsaufnahmen an sämtlichen Bromus- und Festucaarten ergab sich das nachstehende Bild:

Zahl der Einzelährchen an der Blütenstandsspitze	Bromus %	Festuca %
1	1,5	—
2	40,75	—
3	52,75	0,3
4	5,0	5,9
5	—	17,6
6	—	11,1
7	—	31,8
8	—	22,9
9	—	10,2
10	—	0,9

	Bromus %	Festuca %
Pflanzen mit 2 und 3 Einzelährchen	93,5	0,3
Pflanzen mit 5—10 Einzelährchen	0	93,8

Ein drittes Hilfsmittel zur Unterscheidung der Trespen von den Schwingeln bildet die Anzahl der seitlichen Abästungen im Blütenstande. Bei Festuca betragen letztere selten mehr als 2, bei Bromus in der Regel mehr als 2. Feststellungen an 322 Trespen aller Arten ergaben:

	1. Stufe		2. Stufe	
1 oder 2 Äste	34		36	
mehr als 2 Äste	288	89,4%	286	88,8%

Zu den Arten, welche fast ausnahmslos mindestens 3 Abästungen aufweisen, gehört arvensis, erectus, secalinus, sterilis, tectorum. Eine auffallende Neigung zur Ausbildung von wenig Ästen liegt bei asper vor.

Nach ihrer Gesamttracht lassen sich die deutschen Trespenarten in 5 Gruppen zerlegen.

Gruppe I. Eine hoch herauswachsende Trespe mit einem im weiten Bogen überhängenden Blütenstand: Bromus asper.

Gruppe II. Langbegrannte Trespen mit breitgedrückten, nach der Spitze zu (besonders im trockenen Zustande) auseinanderlaufenden und dadurch spachtelförmiges Aussehen annehmenden Ährchen an überhängenden, langen, dünnen Stielen: Bromus sterilis, Br. tectorum.

Gruppe III. Trespen mit aufrechtem Wuchs und Blüten, die sich an der grünen Pflanze dachziegelartig decken, in Ährchen von annähernd linealer Form: Bromus arvensis, Br. erectus, Br. inermis.

Gruppe IV. Kurzästige Trespen mit spindelförmigen Ährchen, deren Blüten sich überdecken: Bromus racemosus, Br. mollis.

Gruppe V. Eine Trespe, deren Blüten breit und gedrungen sind und im Ährchen auseinanderspreizen: Bromus secalinus.

Schlüssel zur Bestimmung der deutschen Bromus-Arten.

1. (2.) Blütenstand eine *echte Rispe* mit langbegrannten, überhängenden Ährchen an langen, dünnen Stielen — *Dachtrespe*, Br. tectorum.
2. Blütenstand vorwiegend in *traubiger* Ausbildung.
3. (4.) Ährchen *ohne Grannen* oder doch nur ganz kurz begrannt. Haltung aufrecht — *wehrlose Trsepe*, Br. inermis.
4. Blüten deutlich *begrannt.*
5. (14.) Blütenstand *aufrecht.*
6. (7.) Die Blüten *spreizen* voneinander ab — *Roggentrespe*, Br. secalinus.
7. Die Blüten *decken* sich gegenseitig.
8. (11.) Ährchen *drehrund*, spindelförmig.
9. (10.) Blüten *behaart* — *Flaumtrespe*, Br. mollis.
10. Blüten *unbehaart* — *Traubentrespe*, Br. racemosus.
11. Ährchen *plattgedrückt*, annähernd lineal.
12. (13.) Blüten ganz kurz begrannt, Blüten schmal lanzettlich — *Wiesentrespe*, Br. erectus.
13. Grannen von Blütenlänge. Blüten gedrungen lanzettlich gegen die Reife hin etwas sperrend — *Ackertrespe*, Br. arvensis.
14. (5.) Blütenstand *überhängend.*
15. (16.) Ährchen nach oben hin verbreitert. Halm unbehaart — *Taubtrespe*, Br. sterilis.
16. Ährchen fast *lineal.*
17. Halm, namentlich nach dem Grunde hin reichlich, abwärts behaart — *Rauhtrespe*, Br. asper.
18. Halm unbehaart — *Ackertrespe*, Br. arvensis.

Bromus arvensis. Die Ackertrespe ist ein Ungras, dessen Standort vorwiegend Wege- und Ackerränder sind. Im regelrecht bewirtschafteten Felde kommt sie nicht auf. Am bequemsten erkannt wird sie an den rot gefärbten Spelzen. Wo ihr die Besonnung fehlt, bleibt allerdings diese Rötung aus. In der Tracht des Blütenstandes nähert sie sich der Wiesentrespe und der Quecktrespe. Nachstehend 2 Muster:

Gut ausgebildete Pflanze

Stufe 11 o 1 Ährchen
„ 10 o 1 „
„ 9 o 1 „
o
„ 8 o 2 „
o
„ 7 oo 3 „
oo
„ 6 oo 4 „
o
o
o
„ 5 o 4 „
o
o
o
o
oo
„ 4 oo 8 „

o
o
oo
oo
oo
Stufe 3 oooo 12 Ährchen
o
o
oo
oooo
oooo
„ 2 oooo 16 „
o
o
oo
oo
oo
oooo
„ 1 oooooo 18 „

Zahl der Stufen: 11.
„ „ Äste: 38.
„ „ Ährchen: 70.

Zahl der einfachen Trauben: 20.
„ „ Doppeltrauben: 18.
„ „ echten Rispen: 0.

Schwach ausgebildete Pflanze

Stufe 8 o 1 Ährchen
„ 7 o 1 „
„ 6 o 1 „
o
„ 5 o 2 „
o
„ 4 o 2 „
o
o
„ 3 oo 4 „

o
o
o
o
Stufe 2 oo 6 Ährchen
o
o
o
o
oo
„ 1 oo 8 „

Zahl der Stufen: 8.
„ „ Äste: 21.
„ „ Ährchen: 25.

Zahl der einfachen Trauben: 17.
„ „ Doppeltrauben: 4.
„ „ echten Rispen: 0.

Bromus asper. Die Rauhtrespe ist ein landwirtschaftlich vollkommen bedeutungsloses Gras. Es meidet freies, besonntes Land und gedeiht nur in lichten Waldungen, voran solchen, mit etwas feuchtem und hinlänglich kalkhaltigem Boden. Es erreicht eine Höhe von nahezu 1 m, erzeugt eine reichliche Menge Grundblätter und pflegt mehr oder weniger mit Mutterkorn behaftet zu sein, eine Folge davon, daß das Gras ungestört ausblühen kann. Durch die fast vollkommen geschlossene Blattscheide und den reichlichen Besatz mit abwärtsgerichteten Haaren unterscheidet sich Br. asper ohne weiteres von dem ihm in der Tracht sehr ähnlichen Riesenschwingel, Festuca gigantea. Der stark überhängende Blütenstand ist verhältnismäßig arm an Ährchen, ihre Anzahl schwankt zwischen 15 und 35. Dessenungeachtet liegt bei der Rauhtrespe die Neigung zur Ausbildung rispiger Äste auf den unteren Stufen vor, wie die nachfolgenden Muster erkennen lassen:

Gut ausgebildete Pflanze

Stufe 7	o	1 Ährchen		oo		
„ 6	o	1 „	Stufe 3	ooo r	5 Ährchen	
„ 5	oo	2 „		oooo r		
	o		„ 2	ooooo r	9 „	
„ 4	o	2 „		oooooo r		
			„ 1	oooooooo r	14 „	

Zahl der Stufen: 7.
„ „ Äste: 11.
„ „ Ährchen: 34.

Zahl der einfachen Trauben: 4.
„ „ Doppeltrauben: 2.
„ „ echten Rispen: 5.

Schwach ausgebildete Pflanze

Stufe 7	o	1 Ährchen		o	
„ 6	o	1 „		o	
„ 5	o	1 „		o	
	o			o	
„ 4	o	2 „	Stufe 2	oo	6 Ährchen
	o			o	
	o			o	
	o			o	
„ 3	o	4 „	„ 1	oo	5 „

Zahl der Stufen: 7.
„ „ Äste: 18.
„ „ Ährchen: 20.

Zahl der einfachen Trauben: 16.
„ „ Doppeltrauben: 2.
„ „ echten Rispen: 0.

Hinsichtlich der Abästungsziffer weicht die Rauhtrespe von der für Bromus geltenden Regel mehrfach ab, insofern als sie auf den unteren Stufen häufig nur 2 Äste abschickt. Nach *Strecker* soll sie zumeist 5 haben. Ich fand bei 105 Pflanzen:

	1. Stufe	2. Stufe
1 Ast	2 mal	0 mal
2 Äste	67 „	55 „
3 „	16 „	21 „
4 „	10 „	15 „
5 „	10 „	14 „

Es drängt sich hiernach die Vermutung auf, daß Bromus asper aus Festuca sp. vielleicht arundinacea oder gigantea hervorgegangen ist.

Bromus erectus. Die Wiesentrespe gilt als das beste unter den Trespengräsern. Sie meidet feuchtes Gelände, bevorzugt kalkhaltigen Boden und verlangt Sonne. Der Aufbau des Blütenstandes schwankt in weiten Grenzen, wahrt dabei aber immer die Eigenschaft als *einfache* oder als *Mischtraube.* Unter 71 Pflanzen verschieden starker Ausbildung befand sich nicht ein einziger rispiger Ast. 53 Pflanzen hatten eine einfache quirlästige Traube gebildet. Die Menge der Ährchen im Blütenstand schwankt zwischen 8 und 60, die Stufenzahl zwischen 4 und 10. Die Ährchenstiele haben die doppelte Länge der Ährchen.

Gut ausgebildete Pflanze

Stufe 10 o 1 Ährchen
„ 9 o 1 „
„ 8 o 1 „
o
„ 7 o 2 „
o
o
o
„ 6 o 4 „
o
o
o
„ 5 oo 5 „
o
o
o
oo
„ 4 oo 8 „
o
o
o
oo
oo
„ 3 ooo 10 „

o
o
o
o
o
o
oo
oo
ooo
Stufe 2 ooo 16 Ährchen
o
o
o
o
oo
oo
„ 1 ooo 11 „

Zahl der Stufen: 10.
„ „ Äste: 42.
„ „ Ährchen: 59.
„ „ einfachen Trauben: 29.
„ „ Doppeltrauben: 13.
„ „ echten Rispen: 0.

Schwach ausgebildete Pflanze

Stufe 6 o 1 Ährchen
„ 5 o 1 „
o 1 „
„ 4 o 1 „
o 1 „
„ 3 o 1 „

o 1 Ährchen
o 1 „
Stufe 2 o 1 „
o 1 „
o 1 „
o 1 „
„ 1 o 1 „

Zahl der Stufen: 6.
„ „ Äste: 13.
„ „ Ährchen: 13.

Zahl der einfachen Trauben: 13.
„ „ Doppeltrauben: 0.
„ „ echten Rispen: 0.

Der Blütenstand schwach ausgebildeter Wiesentrespe bildet sonach eine einfache einästige Traube.

Bromus inermis. Die Quecktrespe, auch wehrlose Trespe benannt, gleicht in ihrer Tracht der Wiesentrespe, von der sie sich namentlich durch die fehlende Begrannung unterscheidet. Ein hoch aufschießendes stattliches Gras mit einem *traubigen* Blütenstande nähert sie sich infolge ihrer Eigentümlichkeit, gleich der gemeinen Quecke eine reichliche Menge von unterirdischen Ausläufern zu treiben, den Ungräsern.

Gut ausgebildete Pflanze

Stufe 12	o	1	Ährchen
,, 11	o	1	,,
,, 10	o	1	,,
	o		
,, 9	o	2	,,
	o		
,, 8	oo	3	,,
	o		
	o		
,, 7	ooo	5	,,
	o		
	o		
	o		
	oo		
,, 6	oo	7	,,
	o		
	oo		
	oo		
	oo		
,, 5	oooo	11	,,
	o		
	o		
	oo		
	oo		
	oooo		
,, 4	ooooo	15	,,
	o		
	oo		
	oo		
	oo		
	oooo		
,, 3	ooooo r	16	,,
	o		
	oo		
	oo		
	oo		
	oo		
	ooooo r		
,, 2	ooooo r	20	,,
	oo		
	oo		
	oo		
	oo		
,, 1	ooooo r	13	,,

Zahl der Stufen: 12.
,, ,, Äste: 45.
,, ,, Ährchen: 95.
,, ,, einfachen Trauben: 17.
,, ,, Doppeltrauben: 24.
,, ,, echten Rispen: 4.

Schwach ausgebildete Pflanze

Stufe 10	o	1	Ährchen.
,, 9	o	1	,,
,, 8	o	1	,,
	o		
,, 7	o	2	,,
	o		
	o		
,, 6	o	3	,,
	o		
	o		
	o		
	o		
,, 5	oo	6	,,
	o		
	o		
	o		
	o		
	oo		
	oo		
,, 4	oo	10	,,
	o		
	o		
	o		
	oo		
	oo		
	oo		
,, 3	oo	11	,,
	o		
	o		
	oo		
	oo		
	oo		
,, 2	oo	10	,,
	o		
	o		
	o		
	oo		
,, 1	oo	7	,,

Zahl der Stufen: 10.
,, ,, Äste: 38.
,, ,, Ährchen: 52.
,, ,, einfachen Trauben: 24.
,, ,, Doppeltrauben: 14.
,, ,, echten Rispen: 0.

Ihre Verwendung als Futtergras wird zudem durch die schnelle Verholzung sehr beschränkt. Der Blütenstand besteht aus einer *Mischtraube*, in welcher sich einfache und zusammengesetzte Trauben etwa die Wage halten. 5 Abästungen bilden die Regel. Unter 50 Pflanzen wiesen 39 auf der 1. und 46 auf der 2. Stufe 5 und mehr Abästungen auf. Äste mit rispiger Ausbildung sind selbst bei sehr gut entwickelten Pflanzen nur selten vorhanden. Die Zahl der Stufen erreicht die Ziffer 12, die der Abästungen 45, die der Ährchen 100, im Mittel 50—60.

Die Quecktrespe sucht trockene Standorte auf. Im Schatten wachsende soll Grannen annehmen.

Bromus mollis. Die Flaumhaartrespe gehört zu den wertlosen Gräsern. Wenn sie auf Wiesen um sich greift und dadurch bessere Gräser verdrängt, wird sie zum Ungras. Abgesehen von der spindeligen Form ihrer großen Ährchen, ist sie auch durch ihren Blütenstand gut gekennzeichnet. In ihm herrscht die *einfache Traube* vor. Die Ährchenstiele sind im allgemeinen kürzer als das Ährchen, wodurch der Blütenstand eine gedrungene Form erhält. Von Bromus racemosus, dem es weitgehend ähnelt, unterscheidet sich mollis durch die zarte Behaarung der Ährchenspelzen und durch etwas Vierschrötiges in der Tracht des Blütenstandes.

Gut ausgebildete Pflanze

Stufe 7 o 1 Ährchen
o
„ 6 o 2 „
o
o
„ 5 o 3 „
o
o
o
„ 4 o 4 „
o
o
o
„ 3 oo 5 „

o
o
o
oo
Stufe 2 ooo 8 Ährchen
o
o
o
oo
„ 1 ooo 8 „

Zahl der Stufen: 7.
„ „ Äste: 24.
„ „ Ährchen: 31.

Zahl der einfachen Trauben: 19.
„ „ Doppeltrauben: 5.
„ „ echten Rispen: 0.

Schwach ausgebildete Pflanze

Stufe 6 o 1 Ährchen
„ 5 o 1 „
o
„ 4 o 2 „

o
Stufe 3 o 2 Ährchen
o
„ 2 o 2 „
„ 1 o 1 „

Zahl der Stufen: 6.
„ „ Äste: 9.
„ „ Ährchen: 9.

Zahl der einfachen Trauben: 9.
„ „ Doppeltrauben: 0.
„ „ echten Rispen: 0.

Die Anzahl der zu einem Blütenstande vereinigten Ährchen ist gering. Sie schwankte bei 68 Pflanzen zwischen 6 und 31, die Ästezahl zwischen 5 und 20, die Stufenzahl von 5—7.

Schwachwüchsige Flaumhaartrespe bildet sonach eine *mehrästige, einfache Traube* aus.

Bromus racemosus. Die Traubentrespe wird etwas günstiger beurteilt als die Flaumhaartrespe zählt dessenungeachtet aber nicht zu den guten Gräsern. Im Blütenstande unterscheidet sie sich von Bromus mollis durch das starke Vorherrschen der *einfachen Traube.* 50 Pflanzen besaßen

662	Abästungen	mit	1	Ährchen	89,5%
63	„	„	2	„	8,5%
6	„	„	3	„	0,8%
7	„	„	4	„	0,9%
1	Abästung	„	5	„	0,1%
1	„	„	6	„	0,1%

Die Stufenzahl schwankte zwischen 4 und 9, wobei 6 und 7 Stufen vorherrschten. Die Zahl der Ährchen im Blütenstand betrug von 6 bis 34.

Gut ausgebildete Pflanze

Stufe 8 o 1 Ährchen
„ 7 o 1 „
o
„ 6 o 2 „
o
o
„ 5 o 3 „
o
o
„ 4 oo 4 „
o
o
o
o
„ 3 oo 6 „
o
o
o
oo
Stufe 2 oooo 9 Ährchen
o
o
o
oo
„ 1 ooo 8 „

Zahl der Stufen: 8.
„ „ Äste: 25.
„ „ Ährchen: 34.
„ „ einfachen Trauben: 19.
„ „ Doppeltrauben: 6
„ „ echten Rispen: 0.

Schwach ausgebildete Pflanze

Stufe 5 o 1 Ährchen.
„ 4 o 1 „
„ 3 o 1 „
o
„ 2 o 2 „
o
o
o
„ 1 0 4 „

Zahl der Stufen: 5
„ „ Äste: 9.
„ „ Ährchen: 9.
„ „ einfachen Trauben: 9.
„ „ Doppeltrauben: 0.
„ „ echten Rispen: 0.

Die Traubentrespe trägt ihren Namen mit Recht, denn sie besitzt Abästungen vorwiegend nach Art der einfachen Traube.

Bromus secalinus. Die Roggentrespe ist ein regelrechtes Ungras, welches früher offenbar eine bedeutende Rolle gespielt hat, gegenwärtig aber in den Hintergrund getreten ist. Durch die an ein Roggenkorn erinnernde gestreckt eiförmige Gestalt der Blüte und durch die frischgrüne Färbung der Blüten unterscheidet sich die Roggentrespe gut von den übrigen Trespenarten. Die platten, unbehaarten, fast 1 cm breiten Blätter sind etwa 2mal so lang wie ihre bis hoch hinaufgeschlossenen, ebenfalls unbehaarten Blattscheiden. Das Blatthäutchen bildet eine Zunge. Im Blütenstand herrscht die *einfache Traube* vor. Bei 4—7 Stufen trägt er nur verhältnismäßig wenige Ährchen, nämlich 5—29. Die untersten Stufen werden ähnlich wie bei Poa pratensis aus 3 langen und 2 kurzen Ästen gebildet.

Gut ausgebildete Pflanze

Stufe	7	o	1	Ährchen
„	6	o	1	„
„	5	o	1	„
		o		
„	4	o	2	„
		o		
		o		
		o		
„	3	o	4	„
		o		
		o		
		o		
		o		
		oo		
„	2	oo	8	„
		o		
		o		
		o		
		o		
		oo		
		oo		
„	1	oooo	12	„

Zahl der Stufen: 7.
„ „ Äste: 22.
„ „ Ährchen: 29.
„ „ einfachen Trauben: 17.
„ „ Doppeltrauben: 5.
„ „ echten Rispen: 0.

Schwach ausgebildete Pflanze

Stufe	5	o	1	Ährchen.
„	4	o	1	„
„	3	o	1	„
		o		
„	2	o	2	„
		o		
		o		
„	1	o	3	„

Zahl der Stufen: 5.
„ „ Äste: 8.
„ „ Ährchen: 8.
„ „ einfachen Trauben: 8
„ „ Doppeltrauben: 0.
„ „ echten Rispen: 0.

Bromus sterilis, die Taubtrespe, ist ein, weniger im Felde und auf der Wiese als auf Wustplätzen, in der Nachbarschaft von lichten Gebüschen und dabei gelegentlich auch an Wiesenrändern vorzufindendes Ungras, welches durch die Tracht seines Blütenstandes sehr gut gekennzeichnet wird. (Abb. 37). Große, spachtelförmig breitgedrückte, langbegrannte Ährchen sitzen an langen, sehr dünnen Stielen, welche, zu schwach für die Last der Ährchen, überhängende Stellung einnehmen. Der überaus luftige Blütenstand weist 5—8, üblicherweise 6 und 7 Stufen und 8—36 Ährchen auf. Die *einfache Traube* überwiegt. Am obersten Blatt ist die fast vollkommen geschlossene Blattscheide kürzer als die Blattspreite. Das Blatthäutchen bildet einen Ring mit stark ausgefranstem Rande. Von den Ährchenspelzen erreicht die untere einkielige nur die halbe Länge der oberen dreikieligen. Im allgemeinen bevorzugt die Taubtrespe Standorte mit mäßig starker Belichtung, auf sonnigen Plätzen nimmt sie weinrote Färbung an.

Abb. 37. Zwei Ährchen von Bromus sterilis.

Gut ausgebildete Pflanze

Stufe	8	o	1	Ährchen
„	7	o	1	„
		o		
„	6	o	2	„
		o		
„	5	0	2	„
		o		
		o		
		o		
„	4	o	4	„
		o		
		o		
		o		
		o		
		oo		
„	3	oo	8	„
		o		
		o		
		o		
		o		
		oo		
„	2	oo	8	„
		o		
		o		
		o		
		o		
		o		
		o		
„	1	oooo	10	„

Zahl der Stufen: 8.
„ „ Äste: 29.
„ „ Ährchen: 36.
„ „ einfachen Trauben: 24.
„ „ Doppeltrauben: 5.
„ „ echten Rispe: 0.

Schwach ausgebildete Pflanze

Stufe	5	o	1	Ährchen.
„	4	o	1	„
		o		
„	3	o	2	„
		o		
		o		
„	2	o	3	„
		o		
		o		
		o		
„	1	o	4	„

Zahl der Stufen: 5.
„ „ Äste: 11.
„ „ Ährchen: 11.
„ „ einfachen Trauben: 11.
„ „ Doppeltrauben: 0.
„ „ echten Rispe: 0.

Bromus tectorum, die Dachtrespe, ein ausgesprochenes Ungras, wird von manchen Botanikern lediglich für eine Abart von Bromus sterilis angesehen. Durch die geringere Länge der Halme, durch die größere Zahl der Ährchen — 38 bis 105 — durch die kürzere Ährchenbestielung, durch das stärkere Überhängen und die größere Geschlossenheit des Blütenstandes unterscheidet sich die Dachtrespe aber doch hinlänglich von der Taubtrespe. Es kommt hinzu, daß Bromus tectorum als einzige Trespenart eine Hinneigung zur Ausbildung von rispigen Seitenzweigen erkennen läßt. Von den insgesamt 1383 Abästungen, welche sich an 50 Pflanzen vorfanden, waren 44 = 3,2% rispiger Natur. Auf Äckern, Wiesen, Weiden tritt die Dachtrespe so gut wie gar nicht hervor, Dächer, Gemäuer, Zaunwinkel, trockene Böschungen sind ihre üblichen Standorte.

Gut ausgebildete Pflanze

Stufe 9 o 1 Ährchen
„ 8 o 1 „
o
„ 7 o 2 „
oo
„ 6 oo 4 „
o
oo
oo
„ 5 oo 7 „
o
o
o
o
oo
ooo
„ 4 ooo 12 „
ooo
ooo
„ 3 oooo 10 „
o
oo
oo
oo
ooo
ooooo
„ 2 ooooooo r 22 „
o
oo
ooooo
oooooooooo oo r
„ 1 oooooooooo oooooooo oooooo r 46 Ährchen.

Schwach ausgebildete Pflanze

Stufe 7 o 1 Ährchen
„ 6 o 1 „
o
„ 5 o 2 „
o
o
„ 4 oo 4 „
o
o
oo
oo
„ 3 oo 8 „
o
oo
oo
oo
„ 2 ooo 10 „
o
o
o
oo
ooo
„ 1 oooo 12 „

Zahl der Stufen: 9.	Zahl der Stufen: 7.
„ „ Äste: 32.	„ „ Äste: 23.
„ „ Ährchen: 105.	„ „ Ährchen: 38.
„ „ einfachen Trauben: 11.	„ „ einfachen Trauben: 12.
„ „ Doppeltrauben: 18.	„ „ Doppeltrauben: 11.
„ „ echten Rispen: 3.	„ „ echten Rispen: 0.

Calamagrostis. Reithgras. Schilfgras.

Gute Arten	Von minderem oder umstrittenen Werte	Ungräser
—	—	Epigeios Halleriana. Lanceolata Litorea Neglecta Silvatica

Die Reithgräser besitzen sämtlich rohrähnliche Tracht erreichen auch gleich dem echten Rohre eine beträchtliche Höhe. Mit Agrostis haben sie eigentlich nur die Einblütigkeit hinsichtlich der Tracht aber nichts gemeinsam. In den Bestimmungswerken bildet die am Grunde der Reithgräserblüten sitzende Behaarung, welche beim Straußgras fehlt, das Haupterkennungsmerkmal gegenüber Agrostis. Auch das Rohrglanzgras, Digraphis, besitzt neben der Einblütigkeit am Grunde behaarte Blüten, könnte also wohl mit dem Reithgras verwechselt werden. Derartiges läßt sich aber schon durch die Auszählung der Abästungen auf den unteren Stufen des Blütenstandes vermeiden. Calamagrostis hat deren in der Regel mehr als 3, Digraphis weniger als 3 in der Regel nur 2. Zudem sind bei Digraphis die Blütenhaare in 2 gegenüberstehenden Zöpfen (Abb. 44), bei Calamagrostis rund herum um den Blütengrund angeordnet (Abb. 38).

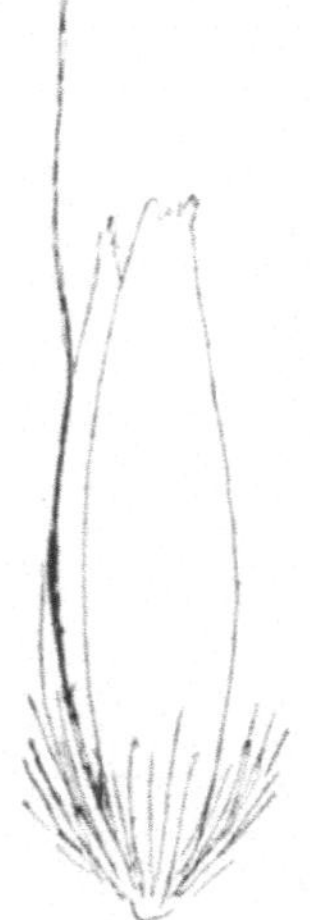
Abb. 38. Ährchen von Calamagrostis arundinacea.

Sämtliche der Gattung Calamagrostis angehörigen Gräser entbehren des landwirtschaftlichen Nutzwertes. Einige Arten stellen sich zwar gelegentlich auf feuchten, moorigen Wiesen ein, sie bringen dort auch, wie alle Reithgräser eine erhebliche Blattmasse hervor, verlieren aber infolge frühzeitiger Verholzung jeglichen Futterwert. Eine größere Verbreitung besitzen in Deutschland nur die Arten Epigeios und Silvatica.

Calamagrostis epigeios. Das Landreithgras sucht sandige, dabei etwas morastige Böden mit lichtem Baumbestand auf, woselbst es bis $1^1/_2$ m Höhe erreicht. Durch die grau-grünen, breiten und sehr harten Blätter ist es gut gegenüber dem unter nahezu den gleichen Wachstumsverhältnissen gedeihenden gemeinen Reithgras, C. silvativa, gekennzeichnet. C. silvatica (Abb. 38) zeigt zudem Grannen, C. epigeios nicht.

Muster von *Calamagrostis epigeios.*

Länge des Stengels 1,18 m.
„ „ Blütenstandes 26 cm.

Stufe 1	4,6	cm.
„ 2	3,7	„
„ 3	3,0	„

Stufe 18	1	Ährchen.
„ 17	1	„
„ 16	2	„
„ 15	2	„
„ 14	2	„
	2	„
	2	„
„ 13	3 r	„
	1	„
	1	„
	1	„
	2	„
	2	„
„ 13	3	„
	1	„
	1	„
	2	„
	4 r	„
	5 r	„
, 11	8 r	„
	8 r	„
„ 10	15 r	„
	2	„
	3	„
	4 r	„
	8 r	„
	10 r	„
„ 9	15 r	„
	4 r	„
	9 r	„
	10 r	„
	15 r	„
„ 8	28 r	„
	6 r	„
	7 r	„
	14 r	„
	21 r	„
	23 r	„
„ 7	43 r	„

	8 r	Ährchen
	9 r	
	11 r	
	16 r	„
	32 r	
	39 r	
Stufe 6	73 r	Ährchen
	8 r	„
	14 r	„
	15 r	„
	17 r	„
	46 r	„
	47 r	„
„ 5	63 r	„
	5	„
	13 r	„
	14 r	„
	25 r	„
	36 r	„
	50 r	
	78 r	„
„ 4	121	„
	2	„
	4 r	„
	11 r	„
	16 r	„
	32 r	„
	33 r	„
	66 r	„
	107 r	„
„ 3	196 r	„
	35 r	„
	40 r	„
	87 r	„
	120 r	„
„ 2	204 r	„
	4 r	„
	13 r	„
	18 r	„
	24 r	„
	60 r	„
	67 r	„
„ 1	245 r	„

Zahl der Stufen: 18.
„ „ Äste: 82.
„ „ Ährchen: 2439.

Zahl der einfachen Traube: 7.
„ „ Doppeltraube: 12.
„ „ echten Rispe: 63.

Calamagrostis silvatica.

Stufe			
Stufe 17	o	1	Ährchen
„ 16	o	1	„
„ 15	oo	2	„
	o	1	„
	o	1	„
„ 14	oo	2	„
	o	1	„
	o	1	„
„ 13	ooo	3	„
	o	1	„
	o	1	„
	o	1	„
	oo	2	„
„ 12	oo	2	„
	o	1	„
	o	1	„
	oo	2	„
„ 11	oooo	4	„
	o	1	„
	oo	2	„
	oo	2	„
	ooo	3	„
„ 10	ooooo	5	„
	oo	2	„
	oo	2	„
	oo	2	„
	ooo	3	„
	oooo	4	„
„ 9	ooooooo	7	„
	oooo	4	„
	oooo	4	„
	oooo	4	„
	oooo	4	„
„ 8	ooooooo r	7	„
	oo	2	Ährchen
	ooooooo r	7	„
	oooooooo r	8	„
Stufe 7	ooooooooo r	9	„
	oooo	4	„
	ooooo	5	„
	oooooooo r	8	„
	oooooooo r	8	„
„ 6	oooooooooo ooo r	13	„
	ooo	3	„
	oooo	4	„
	ooooo	5	„
	oooooooo r	8	„
	ooooooooo r	9	„
„ 5	oooooooooo ooo r	13	„
	ooooo	5	„
	ooooooo r	7	„
	oooooooo r	8	„
	oooooooooo o r	11	„
„ 4	oooooooooo oooo r	14	„
	ooo	3	„
	oooo	4	„
	oooooooo r	8	„
	oooooooooo o r	11	„
„ 3	oooooooooo oooooooo r	18	„
	oo	2	„
	oo	2	„
	oo	2	„
	ooooooo r	7	„
„ 2	oooooooooo	10	„
	oooooooooo ooooooo r	17	„
„ 1	oooooooooo ooooo r	15	„

Zahl der Stufen: 17.
„ „ Äste: 66.
„ „ Ährchen: 334.

Zahl der einfachen Trauben: 12.
„ „ Doppeltrauben: 33
„ „ echten Rispen: 21.

Catabrosa. Quellgras.

Gute Arten	Von minderem oder umstrittenem Werte	Ungräser
—	Aquatica	—

Das Quellgras besitzt eine vielästige echte Rispe mit kleinen, zweiblütigen, unbegrannten Ährchen. Ursprünglich mit der Gattung Glyceria vereinigt haben die Zweiblütigkeit und außerdem die nur bis zur Hälfte des Halmgliedes geschlossene Blattscheide Anlaß zur Abtrennung gegeben. Sowohl die Ährchen- wie die Blütenspelzen entbehren an ihrem oberen Ende einer Zuspitzung (Abb. 39). Erstere haben zumeist weinrote Färbung und bleichhäutige Ränder. Das Quellgras wächst, wie sein Name andeutet, namentlich auf quelligem Boden und in der Nachbarschaft stehender Gewässer. Es findet zwar hier und da als Futtergras Verwendung,

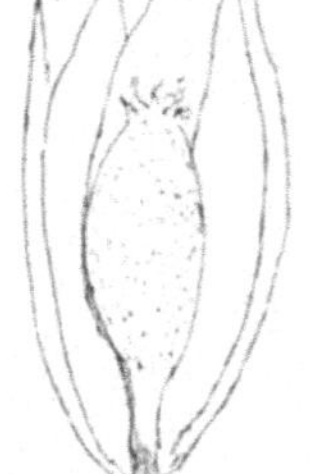

Abb. 39. Catabrosa aquatica, 1. Ährchenspelzen, 2. die zwei Blüten eines Ährchens.

spielt als solches aber doch keine erhebliche Rolle. Auf guten Wiesen und Weiden fehlt es.

Catabrosa aquatica. Gut ausgebildete Pflanze.

Länge des Stengels 55 cm.
„ „ Blütenstandes 19 cm.
Stufe 1 3,7 cm.
„ 2 2,5 „
„ 3 2,0 „

Stufe	15	o	1	Ährchen
„	14	o	1	„
„	13	o	1	„
„	12	o	1	„
		ooo	3	„
„	11	oooo	4	„
		o	1	„
		o	1	„
„	10	oooo	4	„
		ooo	3	„
		ooo	3	„
„	9	oooo	4	„
		ooo	3	„
		oooo	4	„
„	8	ooooooo r	7	„
		oo	2	„
		oo	2	„
		ooo	3	„
		ooooo	5	„
„	7	ooooooo r	7	„

Stufe		Ährchen
	oo	2 Ährchen
	ooooooo r	7 „
	ooooooo r	7 „
Stufe 6	oooooooooo r	10 „
	oo	2 „
	ooooooooo r	9 „
	oooooooooo o r	11 „
„ 5	oooooooooo oooooo r	16 „
	oo	2 „
	ooo	3 „
	ooo	3 „
	ooooooooo r	9 „
	oooooooooo r	10 „
„ 4	oooooooooo oooooooo r	18 „
	ooo	3 „
	oooooooo r	8 „
	oooooooooo ooo r	13 „
„ 3	oooooooooo oooooooooo o r	21 „
	oo	2 „
	oooooo r	6 „
	oooooooooo o r	11 „
	oooooooooo oooo r	14 „
„ 2	oooooooooo oooooooooo oooooooooo r	30 „
	ooo	3 „
	oooo	4 „
	ooooooooo r	9 „
	oooooooooo oo r	12 „
	oooooooooo oooo r	14 „
„ 1	oooooooooo oooooooooo oooooooooo r	30 „

Zahl der Stufen: 15.
„ „ Äste: 49.
„ „ Ährchen: 364.

Zahl der einfachen Trauben: 6.
„ „ Doppeltrauben: 21.
„ „ echten Rispen: 22.

Catabrosa aquatica. Schwach ausgebildete Pflanze.

Länge des Stengels 30 cm.
„ „ Blütenstandes 13 cm.
Stufe 1 4,2 cm.
„ 2 2,1 „
„ 3 1,9 „

Stufe		Ährchen
Stufe 11	o	1 Ährchen
„ 10	o	1 „
„ 9	o	1 „
	o	1 „
„ 8	oo	2 „
	o	1 „
„ 7	oo	2 „
	o	1 „
	oo	2 „
„ 6	ooo	3 „

		ooo	3 Ährchen
		oooo	4 „
Stufe	5	oooo r	4 „
		oooo r	4 „
		ooooo r	5 „
		oooooo r	6 „
„	4	oooooo r	6 „
		ooooo r	5 „
		oooooooo r	8 „
„	3	oooooooooo ooooooo r	18 „
		ooo	3 „
		oooo r	4 „
		ooooo r	5 „
		oooooo r	6 „
		oooooooooo o r	11 „
		oooooooooo oo r	12 „
„	2	oooooooooo ooooooo r	17 „
		ooooo r	5 „
		oooooo r	6 „
		oooooooooo oooo r	14 „
		oooooooooo ooooo r	15 „
„	1	oooooooooo oooooooooo oooooooooo o r	31 „
		oooooooooo oooooo r	16 „

Zahl der Stufen: 11.
„ „ Äste: 33.
„ „ Ährchen: 323.

Zahl der einfachen Trauben: 6.
„ „ Doppeltrauben: 7.
„ „ echten Rispen: 20.

Corynephorus. Keulenschmele.

Gute Arten	Von minderem oder umstrittenem Werte	Ungräser
—	Canescens.	—

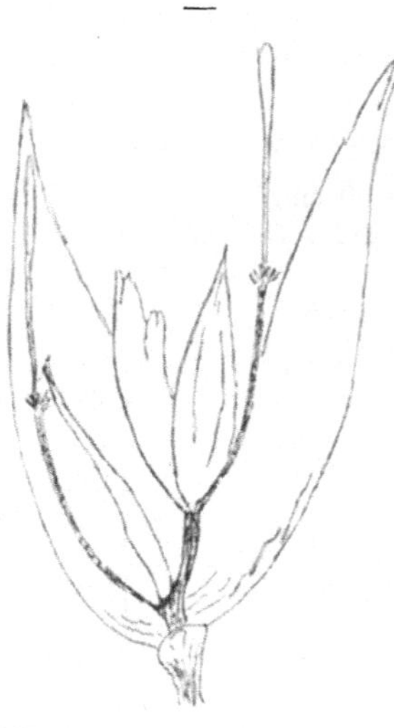

Abb. 40. Corynephorus canescens. Ein Ährchen.

Die Keulenschmele erinnert in ihrer Tracht etwas an die Festuca ovina-Gräsergruppe. Das Gras erreicht keine erhebliche Höhe, der Blütenstand — eine echte Rispe — ist wenig umfangreich, die Blätter sind nahezu borstig. Durch die Zweiblütigkeit der Ährchen und die das Ährchen vollkommen einhüllenden Spelzen unterscheidet sich die Keulenschmele in leicht festzustellender Weise von den Schafschwingeln. Als Haidebewohner kommt die Keulenschmele nur als Futter für Schafe in Betracht.

Corynephorus war von *Linne* der Gattung Aira, Rasenschmele, zugeteilt worden. Die im allgemeinen nur mit der Lupe wahrnehmbare Granne, welche nach ihren oberen Ende zu schwach keulenförmig verdickt ist, hat Anlaß zu Schaffung einer besonderen Gattung für das Gras gegeben (Abb. 40).

Pflanze von mittlerer Wuchsstärke.
Länge des Stengels 27 cm.
„ „ Blütenstandes 5 cm.
Stufe 1 1,5 cm.
„ 2 0,9 „
„ 3 1,3 „

Stufe		Ährchen
Stufe 9	o	1 Ährchen
„ 8	o	1 „
„ 7	oo	2 „
	oo	2 „
„ 6	oo	2 „
	oo	2 „
„ 5	oo	2 „
	oooo r	4 „
„ 4	oooo r	4 „
	oooooo r	6 „
„ 3	ooooooooo r	9 „
	oooooooo r	8 „
„ 2	oooooooo r	8 „
	oooooooooo oo r	12 „
„ 1	oooooooooo ooo r	13 „

Zahl der Stufen: 9.
„ „ Äste: 15.
„ „ Ährchen: 76.
„ „ einfachen Trauben: 2.
„ „ Doppeltrauben: 5.
„ „ echten Rispen: 8.

Cynodon. Hundszahn.

Gute Arten	Von minderem oder umstrittenem Werte	Ungräser
—	—	Dactylon.

Der Hundszahn, in mehreren tropischen Ländern ein wertvolles Nutzgras, ist für Deutschland ein Ungras. Sein Blütenstand besteht aus einer *echten Fingerähre,* d. h. er setzt sich aus seitenästigen Ähren zusammen, die sämtlich, gewöhnlich zu 3—5, nach Doldenart aus dem Endpunkt der Hauptachse hervorgehen. Zweifel könnten darüber obwalten, ob nicht etwa Scheinähre vorliegt, denn es fehlen dem Grase die Spindeleinkerbungen, wie sie bei der echten Ähre vorhanden sind. Was sonst noch in den Bestimmungshilfen als Fingerähre bezeichnet wird, ist in Wirklichkeit eine Ährentraube. Die Ährchen des Hundsgrases sind einblütig (Abb. 41), bedecken nur eine Seite der Spindel und sind hier in 2 Reihen angeordnet. Die ganze Tracht des Grases erinnert etwas an die Bluthirse, Digitaria sanguinalis. Standorte des Grases sind sandige, dürre Plätze, Flußufer und in Westdeutschland vielfach die Weinberge. Cynodon gehört zu den Unkräutern von minderer Bedeutung.

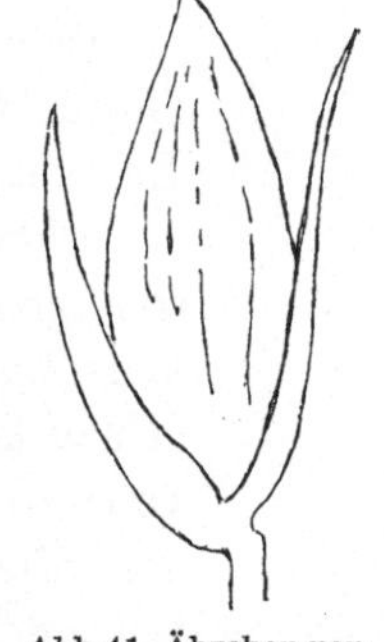

Abb. 41. Ährchen von Cynodon dactylon.

Cynosurus. Kammgras.

Gute Arten	Von minderem oder umstrittenem Werte	Ungräser
Cristatus	—	(Echinatus)

Das Kammgras zählt zu den guten Gräsern, ohne aber in seiner Bedeutung anderen als gut bezeichneten Gräsern gleichzukommen. Der Blütenstand bildet eine hauptachsige, einseitwendige, *traubige*, gedrungene *Scheinähre* von walziger Gestalt, deren Länge (bei 50 Pflanzen) zwischen 3 und 8,5 cm schwankt. Wenn dieser Blütenstand anderwärts als „ährenförmige Rispe", als „Rispe mit einseitig gedrungener Ähre", als „Rispe ährig gedrungen", als „einseitwendige Rispe" (*Hegi*) oder auch als Ährenrispe (*Sturm*) bezeichnet wird, so liegt hierin eine Mißachtung der Blütenstandsformen, welche abgelehnt werden muß.

Abb. 42. Cynosurus cristatus. Kammförmig gestaltete Ährchenspelze.

Das Kammgras besitzt als einziges unter den deutschen Gräsern am Grunde eines jeden Ährchens eine fiederteilige (gekämmte, cristatus) Spelze (Abb. 42) und ist hieran leicht zu erkennen.

In neuerer Zeit ist vereinzelt, eingeschleppt mit ausländischer Weizensaat, das Igelkammgras, Cynosurus echinatus, in die Erscheinung getreten. Sein Blütenstand bildet zwar ebenfalls eine Scheinähre, hat aber nicht walzige, sondern kopfige Gestalt, welche im Verein mit den zahlreichen, langen Grannen in der Tat an den Igel erinnert. Das Gras wurde in der Nähe von Halle vorgefunden.

Dactylis. Knauelgras.

Gute Arten	Von minderem oder umstrittenem Werte	Ungräser
Glomerata.	—	—

Dactylis glomerata, das Knauelgras, ist allein schon durch seinen Blütenstand vor allen anderen Gräsern hinlänglich gekennzeichnet. Er besteht aus einer *echten Rispe*, die aber als solche nicht ohne weiteres zu erkennen ist. Bei den sonstigen Rispengräsern sind die Ährchen so angeordnet, daß sie im einzelnen deutlich erkennbar bleiben. Bei Dactylis treten sie so dicht zusammen, daß sie sich gegenseitig decken. Hinzu kommt die sehr kurze Bestielung (2—3 mm) der Ährchen. Beide Umstände haben zu einer sonst nicht wieder vorzufindenden Knäuelung der Ährchen geführt, die an die Form der Scheinähre heranreicht. Besondere Eigentümlichkeiten des Blütenstandes sind noch die *Einästigkeit* und die *Einseitwendigkeit* der Äste. Ausnahmsweise kommen wohl 2 ja selbst 4 Abästungen vor, von 100 nachgeprüften Pflanzen waren jedoch sämtliche einästig. Der Ährchenansatz ist *spindelfern*, was zur Folge hat, daß bei dem reifenden Grase eine leichte Senkung der Äste unter das Wagerechte eintritt. Die Zahl der Ährchen wurde zu 76 bis 228 festgestellt.

Eine Verwechslung mit dem Rohrglanzgras (Digraphis arundinacea), wie sie *Strecker* für möglich hält, ist so gut wie ausgeschlossen. Schon die Gestaltung des Blütenstandes allein — Digraphis hat eine *lockere*, vor und nach dem Abblühen schlanke, während des Blühens pyramidale, *mehr*-ästige *allseit*wendige Rispe mit spindel*nahem* Ährchenbesatz — schützt vor einer solchen. Es kommt hinzu, daß Digraphis *drehrunde* Dactylis aber zwei *kielige* Blattscheiden besitzt. Digraphis treibt häufig aus den unteren Knoten Seitengetriebe, Dactylis dagegen nur höchst selten. Die sonst noch verwendeten Unterscheidungsmerkmale, wie Zahl der Blüten im Ährchen und Begrannung, sind demgegenüber von geringerer Brauchbarkeit.

Digitaria. Fennichhirse.

Gute Arten	Von minderem oder umstrittenem Werte	Ungräser
—	—	Glabra
		Sanguinalis.

Die beiden Fennichhirsegräser, ursprünglich der Gattung Panicum untergeordnet, später zu einer eigenen Gattung erhoben, werden fast allgemein als „Fingergräser" bezeichnet. Weder D. glabra noch D. sanguinalis entspricht aber in seinem Blütenstande einer echten Fingerähre. Einerseits sind die Ährchen ausnahmslos deutlich gestielt, also zur *Scheinähre* eingeordnet, andererseits zweigen die Scheinährenäste *nicht* aus einem einzigen, dem Endpunkte der Hauptachse ab, sondern aus verschiedenen mehr oder weniger weit auseinandergerückten Punkten, so daß deutliche Stufigkeit vorliegt. Von 76 Pflanzen konnten allenfalls 4 als Fingerscheinähre gelten, die übrigen wiesen, wie die nachstehenden Muster erkennen lassen, 2—5 Stufen auf.

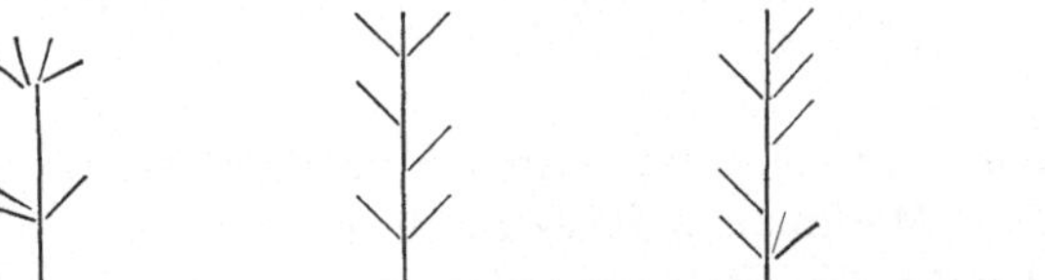

Die zur Scheinähre ausgebildeten Abästungen sind ziemlich kräftig und auf der einen Seite mit 2 dicht nebeneinander verlaufenden Rinnen versehen. Nur aus diesen, also einseitwendig, zweigen die Ährchenbüschel (Abb. 43) ab. Letztere bestehen aus 1—5, zumeist 2 oder 3 Ährchen. Nachfolgend ein Muster hierfür.

Von oben nach unten gezählt wies ein Seitenast auf:

2	Büschel	mit	3	Ährchen
4	„	„	2	„
2	„	„	3	„
28	„	„	2	„
3	„	„	1	„

Es liegt somit eine *zusammengesetzte Scheinähre* rispiger Herkunft vor. Beide Digitariaarten sind ausgesprochene Unkräuter. Bei ihrem starken Licht- und Wärmebedürfnis meiden sie die Getreidefelder. Auch den Wiesen bleiben sie fern. Dagegen finden sie in Zuckerrüben-, Kartoffel- und Kohlfeldern, überhaupt in Feldern mit Pflanzen, welche niedrig im Wuchse bleiben, gutes Fortkommen. Hier sind sie gegen Unterdrückung ziemlich gut geschützt, da sie erst nach Einstellung der Hackarbeiten zum Wachstum gelangen.

Digitaria glabra, der Glattfennich, weicht in der Blütenstandsbildung von D. sanguinalis nur dadurch ab, daß er eine geringere Anzahl (durchschnittlich 3) von Seitenästen zur Ausbildung bringt. Das auf sandigem Boden beheimatete Gras trägt kahle, unbehaarte Blätter und Blattscheiden (im Gegensatz zu D. sanguinalis). Der Halmgrund schmiegt sich dem Boden an. Die ganze Pflanze bleibt in ihren Ausmaßen hinter

Abb. 43. Seitenäste von Digitaria sanguinalis.

D. sanguinalis zurück. Vielleicht ist Glabra nichts weiter als eine Kümmerform von Sanguinalis.

Digitaria sanguinalis, der Blutfennich, so bezeichnet, weil seine Scheinährenäste in der Reife weinrote Färbung annehmen, bevorzugt die besseren Böden und kann hier eine recht störende Ausbreitung erlangen. Der Besatz mit Scheinährenästen schwankt zwischen 4 und 11. Im Gegensatz zu sonstigen Angaben wurden (an 120 Pflanzen) vorgfunden.

9 mal	4 Seitenäste	16 mal	8 Seitenäste
24 „	5 „	12 „	9 „
24 „	6 „	6 „	10 „
27 „	7 „	2 „	11 „

Die Seitenäste sind mit Ährchen bis dicht an die Hauptachse heran bedeckt, ein Merkmal, welches zur bequemen Unterscheidung von dem in der Tracht des Blütenstandes etwas ähnlichen Bartgras, Andropogon, dient.

Digraphis (Phalaris). *Rohrglanzgras.*

Gute Arten	Von minderem oder umstrittenem Werte	Ungräser
—	Arundinacea.	—

Digraphis arundinacea[1], ehemals Phalaris arundinacea, das Rohrglanzgras, gehört der Gruppe rohrartiger Gräser an. Mit ihnen gemein-

[1] Der Name ist zusammengesetzt aus dis, zwei, und graphis, der Pinsel, der Schopf. Letztgenannter Bestandteil weist auf die beiden pinselförmigen Narbenäste hin (Abb. 44). Das Synonym Baldingera ist vollkommen nichtssagend.

sam hat es die Vorliebe für feuchte, schlammige Standorte, das Herauswachsen bis zu 1,70 m Höhe, die Breitblättrigkeit und die Neigung zur raschen Verholzung der Gewebe. Der landwirtschaftliche Wert des Grases wird recht verschieden beurteilt. *Weber* (Das Rohrglanzgras usw. 1928. Paul Parey) spricht ihm für dauernd feuchte bis nasse, zeitweise überflutete Gelände, deren Entwässerung aus irgendeinem Grunde nicht angängig ist, hohe Bedeutung als Lieferant hochwertiger, andauernder Futtermengen zu, muß dabei aber doch selbst gewisse Einschränkungen machen. Im Binnenlande wird das Rohrglanzgras im allgemeinen wenig oder gar nicht geschätzt. Mag also das Rohrglanzgras auch hier und da als Pferdefutter oder Einstreu einigen Nutzen bringen, so darf es doch keineswegs bedingungslos unter die guten Gräser gestellt werden.

Abb. 44. Ährchen von Digraphis arundinacea (1). Einer der beiden Haarschöpfe (2).

Für die Erkennung des Grases werden üblicherweise herangezogen die Einblütigkeit der Ährchen, die 2 schuppenförmigen Hüllblättchen am Grunde der Blüte und die beiden staubwedelförmigen Narben, ferner die grannenlose Blüte, die Kielung der Spelzen, die zungenförmige Gestalt des Blatthäutchens und die Queradern der Blattscheiden. Diese Kennzeichen liegen z. T. wenig bequem, z. T. kommen sie noch einer ganzen Reihe von Gräsern zu, die mit Digraphis nichts gemein haben. Brauchbare Kennzeichen für den Landwirt sind der Standort im oder am Wasser oder auf Überschwemmungsland, die rohrartige Tracht nach Halmbildung und Wuchshöhe und vor allem die Bauweise des Blütenstandes. Letzterer bildet eine *echte Rispe* von gedrungener Gestalt. Ihre Äste und auch die Ährchenbestielung sind kurz, die Ährchen dicht aneinandergedrängt und in große Nähe der Spindel gerückt. Ein sehr einfaches, brauchbares Kennzeichen gegenüber den übrigen rohrartigen Gräsern bildet die Zweiästigkeit im unteren Teile des Blütenstandes. Sie kommt vor allem auf der 2. Stufe durchgreifend zum Ausdruck. Bei 131 Pflanzen wurden vorgefunden:

Stufe 1 112mal zweiästig
„ 2 124 „ „

Weber (a. a. O., S. 11) gibt eine Abbildung des blühenden Rohrglanzgrases, welche diese Verhältnisse gut zur Anschauung bringt. Nur ganz ausnahmsweise sind auf den beiden untersten Stufen mehr als 2 Abästungen vorhanden.

Ein nicht eben sehr bequem liegendes Merkmal besteht in den 2 Büscheln steifer, gerader Haare von etwa einer halben Blütenlänge, welche aus dem Grunde der Blüte ihren Ursprung nehmen und sich wie 2 langhaarige, dünne Pinsel — getrennt — gegenüberstehen (Abb. 44). Die hier und da herangezogene Rotfärbung des Blütenstandes ist ein unzuverlässiges Merkmal.

Verwechslungen des Rohrglanzgrases mit dem Knauelgras liegen weniger nahe als solche mit Calamagrostis epigeios, dem Landreithgras oder C. arundinacea dem Waldreithgras. Die letzteren sind aber durch ihre Mehrästigkeit schon hinlänglich von Digraphis unterschieden.

Digraphis (Phalaris) **arundinacea.**
Länge des Stengels **1,38** m.
„ „ Blütenstandes **17,5** cm.
Stufe 1 3,2 cm.
„ 2 2,8 „
„ 3 1,8 „

Stufe			
Stufe	19	1	Ährchen
„	18	1	„
„	17	1	„
„	16	2	„
		1	„
„	15	2	„
		2	„
„	14	3	„
		2	„
„	13	5	„
		4	„
„	12	7 r	„
„	11	14 r	„
„	10	21 r	„
„	9	27 r	„
„	8	31 r	„
„	7	42 r	„
„	6	46 r	„
„	5	69 r	„
		32 r	„
„	4	47 r	„
		46 r	„
„	3	57 r	„
		63 r	„
„	2	75 r	„
		32 r	„
„	1	93 r	„

Zahl der Stufen: 19.
„ „ **Äste: 27.**
„ „ **Ährchen: 726.**
„ „ **einfachen Trauben: 4.**
„ „ **Doppeltrauben: 7.**
„ „ **echten Rispen: 16.**

Echinochloa. Hühnerhirse.

Gute Arten	Von minderem oder umstrittenem Werte	Ungräser
—	—	Crus galli.

Echinochloa crus galli, die Hühnerhirse, Igelhirse, auch Hühnerfennich, ursprünglich zur Gattung Panicum gestellt, ist ein erst spät im Jahre in die Erscheinung tretendes, echtes Ungras des Gartenlandes und der etwas feuchten mit Zuckerrüben, Kartoffeln oder Kohl bestandenen Äcker. Dem Getreide und der Wiese bleibt es fern. Allein schon der Blütenstand kennzeichnet die Hühnerhirse hinlänglich gut vor allen anderen deutschen Gräsern. Er setzt sich zusammen aus seitenästigen Scheinähren rispiger Herkunft, die über ein bis 25 cm langes Spindelstück in Stufen verteilt sind. Die gedrungenen, hirseähnlichen, einblütigen Ährchen sind mit einer groben, längeren Granne versehen, sehr kurz aber deutlich gestielt (Abb. 45) und am Grunde des Blütenstandes zu 5—10 gegen die Spitze hin zu 3 oder 2 zusammengebündelt. Beim Biegen über den Finger treten die einzelnen Bündelchen deutlich sichtbar zutage. Auf den oberen Stufen reichen die Ährchen, dicht aneinandergedrängt bis an die Hauptachse heran, die unteren Äste sind nur lückig und auch nicht bis an die Spindel heranreichend mit Ährchen besetzt. Beispielsweise trug der unterste 15,5 cm lange Ast eines Blütenstandes nur an den äußeren 7 cm Ährchenbündel.

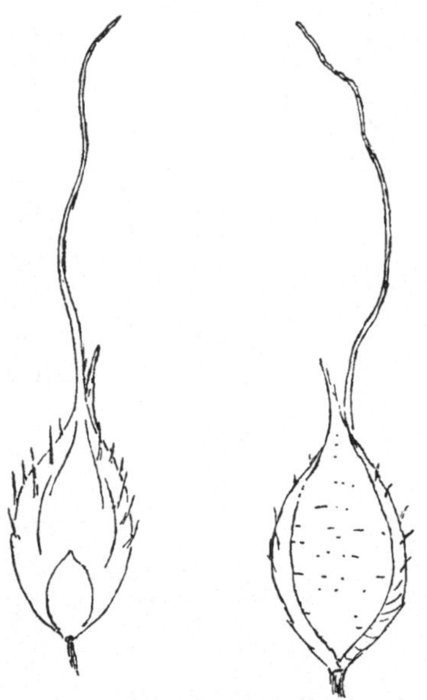

Abb. 45. Zwei Ährchen von Echinochloa crus galli.

Zu den Besonderlichkeiten der Hühnerhirse gehören die auf nur einer Seite mit einem Kiel versehenen Blattscheiden und die Anfüllung des Halmes mit Markzellen. Letztere füllen das unterste und das darauffolgende Halmglied fast vollkommen aus. Aus den Halmknoten gehen Seitentriebe hervor. Die Einreihung des Grases unter die Fingergräser ist vollkommen abwegig.

Elymus. Haargras.

Gute Arten	Von minderem oder umstrittenem Werte	Ungräser
—	—	Arenarius Europaeus (silvaticus).

Die Haargräser haben, namentlich im Blütenstand, mancherlei gemein mit der Gerste. Wie bei letzterer stehen 3 Ährchen auf gleicher

Spindelhöhe beieinander. Dabei kommt es aber vor, daß entweder die beiden Seitenährchen oder das Mittelährchen in der Ausbildung unterdrückt werden. Fast allgemein wird der Blütenstand von Elymus als *Ähre* angesprochen. Dabei ist er aber streng genommen eine *traubige Scheinähre*, denn die einzelnen Ährchen sind, wenn auch kurz, so doch ganz deutlich gestielt, länger z. B. als bei Brachypodium.

Beide in Deutschland vorkommenden Haargräser haben etwas Rohrartiges an sich und lassen daraus schon erkennen, daß sie für Futterzwecke ungeeignet sind.

Abb. 46. Drei der auf gleicher Höhe nebeneinanderstehenden Ährchen von Elymus silvaticus mit den borstenförmigen Ährchenspelzen.

Elymus silvaticus, die Waldhaargerste, wohl so benannt wegen ihrer fast borstenförmigen Ährchenspelzen im Verein mit der langen, dünnen Begrannung (Abb. 46), pflegt in jedem Ährchen nur *eine* vollkommen ausgebildete Blüte zu besitzen, dazu den Stiel zu einer weiteren Blüte. Auf Grund dieser Einblütigkeit stellen viele Systematiker die Waldhaargerste zu Hordeum. Hiergegen spricht aber doch die Bestielung der Ährchen. Waldhaargerste findet sich namentlich in Buchenwäldern, also auf kalkhaltigem Boden, vor. Ein Futterwert wird ihr von keiner Seite zugesprochen.

Elymus arenarius, das Sandhaargras (recht ungeschickterweise auch als Sand*hafer* bezeichnet) besitzt in noch höherem Maße als E. silvaticus die rohrartige Tracht. Die Ährchen sind mehr als ein- zumeist dreiblütig. Eine Begrannung fehlt vollkommen. Die robuste Gesamttracht, die vierschrötige (*Schein-*)*Ähre* im Verein mit der graugrünen Färbung aller Teile machen die Erkennung der Sandgerste leicht. Mit dem Hafer hat der Blütenstand nicht das geringste gemein. Der Gebrauchswert des Sandhaargrases beruht auf seiner Eignung zur Befestigung der Sanddünen.

Festuca. Schwingel.

Gute Arten	Von minderem oder umstrittenem Werte	Ungräser
Elatior	Arundinacea	—
Duriuscula	Gigantea	
Rubra	Ovina.	

Zusammen mit den Gattungen Bromus und Poa umfaßt Festuca die Hauptmasse der Schwingelgräser. Die Unterscheidung der 3 Gattungen erfolgt in den vorhandenen Bestimmungsschlüsseln mit Hilfe der Ährchenspelzenform und der Fruchtknotenbeschaffenheit. Zuverlässiger und in der Handhabung weit bequemere Merkmale sind: die

Beschaffenheit der *Blattscheide*, die *Anzahl* der *Abästungen* auf den unteren Stufen des Blütenstandes, die Beschaffenheit der *Blütenstandsspitze* und die *Ährchenlänge*. Die Zahl der Abästungen beträgt auf den unteren Stufen bei Festuca niemals mehr als 2 bei Bromus und Poa (Ausnahme: Bromus asper, Poa annua, compressa, nemoralis, firmula) in der Regel mehr als 2. Am oberen Blütenstandsende bildet Festuca wenigstens 4, zumeist aber mehr als 4 nur mit 1 Ährchen besetzte Seitenabzweigungen aus, Poa und Bromus überschreiten die Zahl 4 höchst selten. Festuca besitzt offene, Bromus geschlossene Blattscheide. Die Länge der Ährchen beträgt bei den meisten Bromusarten 20 mm und darüber, bei Poa in der Regel nicht mehr als 5 mm, Festuca hält die Mitte.

Namentlich Angehörige der beiden Gattungen Bromus und Festuca sind früher mehrfach durcheinandergeworfen worden. *Schreber* führt nach dem Vorgange von *Linné* in seinem Gräserwerke Festuca gigantea als Bromus gigantea und Glyceria fluitans als Festuca an. Die Festucaarten bilden ihrer Tracht nach 3 Gruppen.

Gruppe I mit F. gigantea, Riesenschwingel, und F. arundinacea, Rohrschwingel;

Gruppe II mit dem Wiesenschwingel F. elatior (pratensis).

Gruppe III mit der Schafschwingelsippe.

Riesen- und Rohrschwingel sind reichlich mit breiten Blättern ausgestattete, hochaufwachsende Gräser mit langbestielten Ährchen in einem überhängenden Blütenstande. Im Gegensatz hierzu bilden die Schafschwingel pfriemenblättrige Gräser von bescheidener Höhe und aufrechter Haltung des Blütenstandes. Der Wiesenschwingel hält die Mitte. Auch hinsichtlich der Standorte treten Unterschiede zutage. Riesen- und Rohrschwingel fordern leicht beschattetes, etwas feuchtes Gelände, Heimat der Schafschwingel sind trockene, sonnige, dürftige Lagen, und Wiesenschwingel gedeiht nur im offenen, der Sonne zugänglichen, dabei aber hinlänglich feuchtem Lande. Ihrem Werte nach sind die Festucaarten viel umstritten. Vielfach übernehmen sie die Rolle eines Notbehelfes. Andererseits besitzt aber keine von ihnen die Eigenschaft eines regelrechten Ungrases.

Festuca arundinacea. Der Rohrschwingel nimmt hinsichtlich seiner Tracht eine Stellung zwischen dem Riesen- und dem Wiesenschwingel ein. Vielfach hinterläßt er den Eindruck eines kräftig ausgebildeten Wiesenschwingels. Mit dem Riesenschwingel hat er gemein die lange, dünne Bestielung der Ährchen und den überhängenden Blütenstand. Die Anzahl der Stufen schwankt zwischen 9 und 26, die der Spitzeneinzelährchen von 4—7, wobei 5 und 6 die Mehrzahl bilden. Je nach dem Standorte ändert der Blütenstandsausbau etwas ab und zwar in der Weise, daß an feuchten Plätzen die bessere Ausbildung vorzufinden ist. Ein in Wassernähe gesammelter Rohrschwingel wies 15 Stufen mit 26 Abästungen und 144 Ährchen, ein der Haide entstammender 12 Stufen, 15 Äste und nur 53 Ährchen auf. Auch der Rauhtrespe, Bromus asper, ähnelt der Rohrschwingel weitgehend unterscheidet sich von ihr aber ohne weiteres durch gänzlich unbehaarte, offene Blattscheide und durch die eine Länge von 1,2 cm selten überschreitenden Ährchen. Der Rohrschwingel bedarf zu seinem Gedeihen des Schutzes gegen starke Besonnung durch lichtes Buschwerk und wird schon hierdurch ein Gras von geringerem landwirtschaftlichem Werte.

Zur Unterscheidung von Festuca pratensis ist der längere Ast der untersten beiden Stufen heranzuziehen. Er trägt bei arundinacea mehr als 4—5 Ährchen, bei pratensis höchstens 4—5 Ährchen.

Festuca arundinacea, Rohrschwingel.

Gut ausgebildete Pflanze, Wassernähe, 125 cm Höhe

Stufe				
Stufe	15	o	1	Ährchen
„	14	o	1	„
„	13	o	1	„
„	12	o	1	„
		o	1	„
„	11	oo	2	„
		o	1	„
„	10	ooo	3	„
		oo	2	„
„	9	ooo	3	„
		oo	2	„
„	8	ooo	3	„
		ooo	3	„
„	7	ooooo	5	„
		ooooo	5	„
„	6	oooooo	6	„
		ooooo	5	„
„	5	oooooooo r	8	„
		oooooo	6	„
„	4	oooooooo r	8	„
		oooooooo r	8	„
„	3	oooooooooo oo r	12	„
		oooooooooo o r	11	„
„	2	oooooooooo ooo r	13	„
		oooooooooo ooooo r	15	„
„	1	oooooooooo oooooo r	16	„

Zahl der Stufen: 15.
„ „ Äste: 26.
„ „ Ährchen: 142.
„ „ einfachen Trauben: 6.
„ „ zusammenges. Trauben: 12.
„ „ Rispen: 8.

Schwach ausgebildete Pflanze, Heide

Stufe				
Stufe	9	o	1	Ährchen.
„	8	o	1	„
„	7	o	1	„
„	6	o	1	„
„	5	o	1	„
„	4	oo	2	„
„	3	ooo	3	„
		o	1	„
„	2	ooo	3	„
		oo	2	„
„	1	oooo	4	„

Zahl der Stufen: 9.
„ „ Äste: 11.
„ „ Ährchen: 20.
„ „ einfachen Trauben: 6.
„ „ zusammenges. Trauben: 5.
„ „ Rispen: 0.

Festuca gigantea, der Riesenschwingel, gleicht im Aufbau des Blütenstandes und überhaupt der ganzen Pflanze weitgehend dem Rohrschwingel. Er erreicht noch etwas größere Höhe als letzterer und gelangt noch später, gewöhnlich erst von Mitte Juli ab, zur Entwicklung. Im einzelnen ist er durch seine langen, schlaffen, zuweilen gewundenen Grannen von F. arundinacea leicht zu unterscheiden. Die Abästungen sind grobfädiger. Die Standorte sind für beide Gräser die gleichen. Landwirtschaftliche Bedeutung kommt dem Riesenschwingel nicht zu.

Der bis 40 cm lange Blütenstand ist als zweiästige *Rispe* mit bedeutenden Abständen zwischen den einzelnen Stufen anzusprechen. Die obersten Ährchen befinden sich in sitzender Stellung. Von den beiden Ästen der unteren Stufen ist immer der eine kürzer als der andere. Die Ährchen schmiegen sich ihren Zweigen an. Eine Seite der sich rauh anfühlenden Blütenstandsachse ist rinnenförmig ausgekehlt. Das obere Ende des Blütenstandes besteht vorwiegend aus 4 und 5 Einzelährchen. Die Stufenzahl wurde zu 10—14, die Zahl der Abästungen zu 16—24 und der Ährchenbestand zu 49—123 ermittelt.

Gut ausgebildete Pflanze

Stufe 14	o	1	Ährchen
„ 13	o	1	„
„ 12	o	1	„
„ 11	o	1	„
	o		
„ 10	o	2	„
	o		
„ 9	o	2	„
	o		
„ 8	oo	3	„
	o		
„ 7	ooo	4	„
	oo		
„ 6	oooo	6	„
	oooo		
„ 5	ooooooo	11	„
	oooooo r		
„ 4	ooooooooo r	15	„
	ooooooo r		
„ 3	oooooooooo o r	18	„
	oooooooooo oo r		
„ 2	oooooooooo oooo r	26	„
	oooooooooo ooo r		
„ 1	oooooooooo ooooooooo r	32	„

Zahl der Stufen: 14.
„ „ Äste: 24.
„ „ Ährchen: 123.
„ „ einfachen Trauben: 10.
„ „ Doppeltrauben: 6.
„ „ echten Rispen: 8.

Schwach ausgebildete Pflanze

Stufe		Äste	Ährchen	
Stufe	10	o	1	Ährchen
„	9	o	1	„
„	8	o	1	„
„	7	o	1	„
		o		
„	6	o	2	„
		o		
„	5	o	2	„
		o		
„	4	oo	3	„
		o		
„	3	ooo	4	„
		oooooooo		
„	2	oooooooooo ooo r	21	„
		ooooo		
„	1	oooooooo r	13	„

Zahl der Stufen: 10.
„ „ Äste: 16.
„ „ Ährchen: 49.
„ „ einfachen Trauben: 10.
„ „ Doppeltrauben: 4.
„ „ echten Rispen: 2.

Festuca heterophylla, der Hainschwingel, bildet zusammen mit F. glauca, F. ovina und F. rubra die Schafschwingelsippe, die sich ihrer Tracht nach in vielen Stücken gleichen, sich in Einzelheiten aber unterscheiden und dadurch Anlaß zur Aufstellung vieler Arten und Abarten gegeben haben. Fraglich bleibt dabei mit *Wagner* (Flora, S. 880), ob in vielen Fällen die Schafschwingelabarten nicht lediglich Standortsveränderungen darstellen. Allen Schafschwingeln ist gemein die borstige Form der Grundblätter. F. glauca und F. ovina besitzen auch am Stengel borstige Blätter, während bei heterophylla und F. rubra die Stengelblätter platt sind. Allen Angehörigen der Schafschwingelsippe ist ferner eigentümlich eine verhältnismäßig große Anzahl von Einzelährchen am oberen Ende des Blütenstandes in weitläufiger Anordnung. Für F. heterophylla wurde folgendes ermittelt:

Unter 50 Pflanzen fanden sich vor:

Einzelährchen	zu	5	1 mal	2%	
„	„	6	6 „	12	84%
„	„	7	20 „	40	
„	„	8	7 „	14	
„	„	9	14 „	28	
„	„	10	2 „	4%	

F. ovina und F. rubra zweigen jestufig in der Regel nur 1 Ast ab. F. heterophylla nähert sich in dieser Hinsicht etwas dem Blütenstandsbau des Wiesenschwingels. Bei 50 Pflanzen war:

die unterste Stufe	1ästig	27mal	54%
	2 „	23 „	46%
die zweite Stufe	1 „	47 „	94%
	2 „	3 „	6%

Mehr als 2 Abästungen je Stufe wurden niemals vorgefunden. Obwohl auf der untersten Stufe zuweilen rispig ausgebildete Äste vorliegen, muß der Blütenstand von F. heterophylla im ganzen doch als *traubig* bezeichnet werden. Das Gras ist in Hainen der höheren Lagen heimisch und bevorzugt leichtere Böden. Auf solchen kann es gelegentlich von Nutzen werden.

Gut ausgebildete Pflanze

Stufe 13	o	1	Ährchen
„ 12	o	1	„
„ 11	o	1	„
„ 10	o	1	„
„ 9	o	1	„
	o		
„ 8	o	2	„
	o		
„ 7	ooo	4	„
	o		
„ 6	oooo	5	„
	o		
„ 5	ooooo	6	„
	ooo		
„ 4	ooooo	8	„
	ooooo		
„ 3	ooooooooo r	14	„
	ooooooo		
„ 2	oooooooooo oo r	19	„
	ooooooooo r		
„ 1	oooooooooo oooooooo r	27	„

Zahl der Stufen: 13.
„ „ Äste: 21.
„ „ Ährchen: 90.
„ „ einfachen Trauben: 10.
„ „ Doppeltrauben: 7.
„ „ echten Rispen: 4.

Schwach ausgebildete Pflanze

Stufe 11	o	1	Ährchen
„ 10	o	1	„
„ 9	o	1	„
„ 8	o	1	„
„ 7	o	1	„
„ 6	o	1	„
„ 5	oo	2	„
„ 4	oooo	4	„
„ 3	oooo	4	„
„ 2	ooooo	5	„
	oo		
„ 1	ooooo	7	„

Zahl der Stufen: 11.
„ „ Äste: 12.
„ „ Ährchen: 28.
„ „ einfachen Trauben: 6.
„ „ Doppeltrauben: 6.
„ „ echten Rispen: 0.

Festuca myuros. Mäuseschwingel, auch Mäuseschwanz. Das Gras ist als Unkraut anzusehen. Es nähert sich in seiner Tracht den Schafschwingeln. Der Blütenstand bildet eine einseitwendige *zusammengesetzte Traube* mit langgezogenen Blüten an dünnfädigen Ästen und vorwiegend 7 oder 8 Einzelendährchen. An sehr trockenen Standorten steigt die Zahl der letzteren bis auf 18. Die Blütenspelzen sind mit Grannen von Spelzenlänge besetzt. Aus den unteren Knoten entspringen — abweichend von den übrigen Festucaarten — Seitentriebe. Die Stufenzahl beträgt 7—12, die Ästezahl 7—13, die Ährchenzahl 9—26.

Gut ausgebildete Pflanze

Stufe 13	o	1	Ährchen
„ 12	o	1	„
„ 11	o	1	„
„ 10	o	1	„
„ 9	o	1	„
„ 8	o	1	„
„ 7	o	1	„
„ 6	o	1	„
„ 5	oo	2	„
	o		
„ 4	oo	3	„
„ 3	oooo	4	„
„ 2	oooo	4	„
„ 1	ooooo	5	„

Zahl der Stufen: 13.
„ „ Äste: 14.
„ „ Ährchen: 26.
„ „ einfachen Trauben: 9.
„ „ Doppeltrauben: 5.
„ „ echten Rispen: 0.

Schwach ausgebildete Pflanze

Stufe 9	o	1	Ährchen
„ 8	o	1	„
„ 7	o	1	„
„ 6	o	1	„
„ 5	o	1	„
„ 4	o	1	„
„ 3	o	1	„
„ 2	oo	2	„
„ 1	o	1	„

Zahl der Stufen: 9.
„ „ Äste: 9.
„ „ Ährchen: 10.
„ „ einfachen Trauben: 8.
„ „ Doppeltrauben: 1.
„ „ echten Rispen: 0.

Festuca ovina, der Schafschwingel, ähnelt dem Hainschwingel im Blütenstand weitgehend. Auf ärmlichen Böden herrscht bei ihm die Einästigkeit vor. So erwiesen sich 24 Pflanzen von einem mageren Standorte sämtlich als einästig. Unter 22 Pflanzen von einem guten Boden enthielten 20 nur 1 Ast je Stufe. Die Endeinzelährchen sind vorwiegend zu 7—9 vorhanden. An 50 Pflanzen wurde nachfolgende Verteilung festgestellt:

4	Einzelährchen	3 mal	6%	
5	„	1 „	2%	
6	„	2 „	4%	
7	„	10 „	20	88%
8	„	24 „	48	
9	„	10 „	20	

Die Stufenzahl bewegt sich zwischen 7 und 13, die Ährchenzahl zwischen 11 und 35. Wenn auch der unterste Ast zuweilen rispige Ausbildung aufweist, so muß F. ovina doch unter die Gräser mit *zusammengesetzter Traube* gestellt werden.

Der wirtschaftliche Wert des Schafschwingels ist ein umstrittener. Für Weidezwecke ist er in Gegenden mit leichteren Böden unentbehrlich.

Gut ausgebildete Pflanze

Stufe			
Stufe 13	o	1	Ährchen
„ 12	o	1	„
„ 11	o	1	„
„ 10	o	1	„
„ 9	o	1	„
„ 8	o	1	„
„ 7	o	1	„
„ 6	o	1	„
„ 5	oooo	4	„
„ 4	oooo	4	„
„ 3	oooooo	6	„
	oo		
„ 2	ooooo	7	„
„ 1	oooooo	6	„

Zahl der Stufen: 13.
„ „ Äste: 14.
„ „ Ährchen: 35.
„ „ einfachen Trauben: 8.
„ „ Doppeltrauben: 6.
„ „ echten Rispen: 0.

Schwach ausgebildete Pflanze

Stufe			
Stufe 7	o	1	Ährchen
„ 6	o	1	„
„ 5	o	1	„
„ 4	o	1	„
„ 3	oo	2	„
„ 2	ooo	3	„
„ 1	oooo	4	„

Zahl der Stufen: 7.
„ „ Äste: 7.
„ „ Ährchen: 13.
„ „ einfachen Trauben: 4.
„ „ Doppeltrauben: 3.
„ „ echten Rispen: 0.

Festuca rubra. Der Rotschwingel gleicht in der Tracht seines Blütenstandes dem Schafschwingel. An 75 Pflanzen wurde festgestellt:

Einzelährchen	4 mal	1%	
„	5 „	3%	
„	6 „	13	62 = 82%
„	7 „	24	
„	8 „	25	
„	9 „	8%	
„	10 „	1%.	

Rispig geformte Äste lagen nur 2 vor und nur dann, wenn der größere der beiden untersten Seitenäste mit 7 und mehr Ährchen besetzt war. Zweiästigkeit auf der untersten Stufe war nur bei 15 Pflanzen auf der 2. Stufe nur bei 3 Pflanzen vorhanden. Stufenzahl 8—13, Ästezahl 8—15 und Ährchenzahl 9—32.

Der Blütenstand des Rotschwingels bewegt sich somit zwischen *einfacher* und *zusammengesetzter Traube.*

Der Rotschwingel wird sehr verschiedenartig eingeschätzt. *Schindler* (Fortschr. Landw. 1926, S. 11) zählt ihn zu den besten Gräsern, weil er zartes, nährstoffreiches Futter (plasmareiches Grundgewebe mit wenig Basteinlagerungen) liefert. Von anderer Seite wird er allerdings auch weniger günstig beurteilt und für ein Gras von mittelmäßiger Güte erklärt. Er gedeiht im besonderen auf trockenen, sandigen Böden und erlangt hier wohl seine größte Bedeutung als ein Weidegras für Schafe.

Gut ausgebildete Pflanze

Stufe	13	o	1 Ährchen
„	12	o	1 „
„	11	o	1 „
„	10	o	1 „
„	9	o	1 „
„	8	o	1 „
„	7	o	1 „
„	6	o	1 „
„	5	o	1 „
„	4	ooo	3 „
„	3	ooooo	5 „
		o	
„	2	oooo	5 „
		ooo	
„	1	ooooooo r	10 „

Zahl der Stufen: 13.
„ „ Äste: 15.
„ „ Ährchen: 32.
„ „ einfachen Trauben: 10.
„ „ Doppeltrauben: 4.
„ „ echten Rispen: 1.

Schwach ausgebildete Pflanze

Stufe	8	o	1 Ährchen
„	7	o	1 „
„	6	o	1 „
„	5	o	1 „
„	4	o	1 „
„	3	o	1 „
„	2	o	1 „
„	1	ooo	3 „

Zahl der Stufen: 8.
„ „ Äste: 8.
„ „ Ährchen: 10.
„ „ einfachen Trauben: 8.
„ „ Doppeltrauben: 0.
„ „ echten Rispen: 0.

Festuca pratensis, der Wiesenschwingel, das wertvollste unter den nutzbaren Schwingelarten, besitzt als Blütenstand eine *zusammengesetzte Traube*. Auf den unteren Stufen werden ganz regelmäßig 2 Äste ausgebildet, von denen der eine nur ein Ährchen der andere deren höchstens 5 trägt. Unter 75 Pflanzen wurden nur 5 mit 6 Ährchen und 1 mit 7 Ährchen vorgefunden. Die Ährchen erreichen zuweilen die für die Gattung Festuca immerhin bedeutende Länge von 1,4 cm. Die Stufenzahl wurde zu 9—15, die Ästezahl zu 11—26 und die Ährchenzahl zu 4—58 ermittelt. Am Blütenstandsende herrschen 5, 6 und 7 Einzelährchen vor.

Von 125 Pflanzen hatten	2	Einzelährchen	1 =	0,8 %
	3	„	2 =	1,6 %
	4	„	26 =	20,8 %
	5	„	46 =	36,8 %
	6	„	27 =	21,6 %
	7	„	21 =	16,8 %
	8	„	2 =	1,6 %

Gut ausgebildete Pflanze

Stufe	15	o	1	Ährchen
„	14	o	1	„
„	13	o	1	„
„	12	o	1	„
		o		
„	11	o	2	„
		o		
„	10	o	2	„
		o		
„	9	o	2	„
		o		
„	8	ooo	4	„
		o		
„	7	ooo	4	„
		oo		
„	6	oooo	6	„
		oo		
„	5	oooo	6	„
		oo		
„	4	oooo	6	„
		oo		
„	3	ooooo	7	„
		ooo		
„	2	ooooo	8	„
		oo		
„	1	ooooo	7	„

Zahl der Stufen: 15.
„ „ Äste: 26.
„ „ Ährchen: 58.
„ „ einfachen Trauben: 12.
„ „ Doppeltrauben: 14.
„ „ echten Rispen: 0.

Schwach ausgebildete Pflanze

Stufe	11	o	1	Ährchen
„	10	o	1	„
„	9	o	1	„
„	8	o	1	„
„	7	o	1	„
„	6	o	1	„
		o		
„	5	o	2	„
		o		
„	4	o	2	„
		o		
„	3	oo	3	„
„	2	oo	2	„
„	1	ooo	3	„

Zahl der Stufen: 11.
„ „ Äste: 14.
„ „ Ährchen: 18.
„ „ einfachen Trauben: 11.
„ „ Doppeltrauben: 3.
„ „ echten Rispen: 0.

Glyceria. Süßgras. Schwaden.

Gute Arten	Von minderem oder umstrittenem Werte	Ungräser
—	Fluitans Plicata Spectabilis.	Distans

Die in manchen Gegenden Deutschlands auch als Süßgras, Mannagras bezeichneten Schwadengräser sind durch ihre abgestumpften, mit deutlich hervortretenden Längsrippen versehenen Blütenspelzen, durch die linealgeformten länglichen Ährchen und bei einigen Arten durch die zweikielige geschlossene Blattscheide gut gekennzeichnet. In ihrer Verbreitung sind sie als Liebhaber feuchter Standorte sehr beschränkt und schon deshalb von minderer landwirtschaftlicher Bedeutung.

Am häufigsten vorgefunden werden Gl. fluitans und Gl. spectabilis an Wassergräben, Flußufern und an Orten, welche der Überflutung ausgesetzt sind. Die übrigen auch auf trockenen Standorten vorzufindenden Arten wie distans, plicata, remota treten ihnen gegenüber vollkommen zurück.

Glyceria fluitans, das flutende Schwadengras, hat, wie der Beiname schon andeutet, gern Wassergräben zum Standort, wobei die unteren Stengelglieder der Pflanze im Wasser fluten. Der Blütenstand, eine *zusammengesetzte*, vereinzelt mit rispigen Ästen untermischte *Traube*, ist durch seine ungewöhnliche, bei gut ausgebildeten Pflanzen 55 cm erreichende Länge, durch das leichte Überhängen und durch die vielblütigen, grannenlosen, langen, schmalen, ihren Tragästen angeschmiegten Ährchen sehr gut gekennzeichnet. Bei nur 9—19 Stufen erreicht der Stufenabstand auf den unteren Stufen des Blütenstandes zuweilen eine Länge von 10 cm.

Glyceria fluitans, flutender Schwaden. Waldweg Rastenberg.

Stufe	13	o	1	Ährchen
„	12	o	1	„
„	11	o	1	„
„	10	o	1	„
		o	1	„
„	9	o	1	„
		o	1	„
„	8	oo	2	„
		o	1	„
„	7	oo	2	„
		o	1	„
„	6	ooo	3	„
		o	1	„
„	5	ooo	3	„
		o	1	„
		o	1	„
„	4	oooo	4	„
		o	1	„
		o	1	„
„	3	oooo	4	„
		o	1	„
		o	1	„
„	2	oooo	4	„
		o	1	„
„	1	ooo	3	„

Zahl der Stufen: 13.
„ „ Äste: 25.
„ „ Ährchen: 42.
„ „ einfachen Trauben: 17.
„ „ Doppeltrauben: 8.
„ „ echten Rispen: 0.

Stufe	9	o	1	Ährchen
„	8	o	1	„
„	7	o	1	„
		o	1	
„	6	o	1	„
		o	1	„
„	5	oo	2	„
		o	1	„
„	4	oo	2	„
		o	1	„
„	3	oo	2	„
		o	1	„
„	2	oo	2	„
„	1	o	1	„

Zahl der Stufen: 9.
„ „ Äste: 14.
„ „ Ährchen: 18.
„ „ einfachen Trauben: 10.
„ „ Doppeltrauben: 4.
„ „ echten Rispen: 0.

Gut ausgebildete Pflanze (Wassernähe)

Stufe 16	o	1 Ährchen
„ 15	o	1 „
„ 14	o	1 „
	o	
„ 13	o	2 „
	o	
„ 12	oo	3 „
	o	
„ 11	ooo	4 „
	o	
„ 10	ooo	4
	o	
	ooo	
„ 9	ooo	7 „
	o	
	oooo	
„ 8	oooo	9 „
	o	
	ooooo	
„ 7	ooooo	11 „
	o	
	oo	
„ 6	ooooo	8 „
	o	
	oo	
„ 5	oooooo	9 „
	o	
	ooo	
„ 4	ooooooo r	11 „
	o	
	ooo	
„ 3	oooooooo	12 „
	o	
	ooo	
„ 2	ooooooo	11 „
„ 1	ooooo	5 „

Zahl der Stufen: 16.
„ „ Äste: 36.
„ „ Ährchen: 89.
„ „ einfachen Trauben: 16.
„ „ Doppeltrauben: 19.
„ „ echten Rispen: 1.

Schwach ausgebildete Pflanze

Stufe 12	o	1 Ährchen
„ 11	o	1 „
„ 10	o	1 „
„ 9	o	1 „
	o	
„ 8	o	2 „
	o	
„ 7	oo	3 „
	o	
„ 6	ooo	4 „
	o	
„ 5	ooo	4 „
	o	
	ooo	
„ 4	ooo	7 „
	o	
	oooo	
„ 3	oooo	9 „
	o	
	ooooo	
„ 2	ooooo	11 „
	o	
„ 1	oooo	5 „

Zahl der Stufen: 12.
„ „ Äste: 23.
„ „ Ährchen: 49.
„ „ einfachen Trauben: 13.
„ „ Doppeltrauben: 10.
„ „ echten Rispen: 0.

Die Besetzung mit Ährchen ist verhältnismäßig spärlich, denn es wurden nur 22—100 gezählt. An der Blütenstandsspitze sitzen vorwiegend 4 Einzelährchen. Die Zahl der Abästungen geht auf den unteren Stufen selten über 3 hinaus. Unter 50 Pflanzen befanden sich nur 6 mit 4 Abästungen. Im Gegensatz zu den unteren Blättern bleibt die

Scheide des obersten Blattes fast zur Hälfte offen. Die stumpfwinklig endenden Blütenspelzen lassen 7 Längsrippen deutlich hervortreten.

Wenn auch hier und da der flutende Schwaden als sehr gutes Futter, namentlich jung geschnitten und den Pferden verabreicht, angesprochen wird, so bleibt doch seine landwirtschaftliche Bedeutung eine geringe. Im Auge ist dabei zu halten, daß das Gras infolge seines Standortes erhebliche Umständlichkeiten bei der Gewinnung bereitet.

Glyceria plicata. Der gefaltete Schwaden, ein im ganzen wenig verbreitetes Gras, kennzeichnet sich als Angehöriger der Gattung Glyceria durch die geschlossene, zweikielige Scheide der unteren Blätter und durch die Eigenart seiner Blütenspelzen. Im übrigen ähnelt er einerseits dem Prachtschwaden Gl. spectabilis, andererseits dem flutenden Schwaden Gl. fluitans. *Wagner* (Flora S. 875) hält es für möglich, daß das Gras nur eine Abart von Fluitans ist. Näher steht es in der Blütenstandsbildung dem Spectabilis. Gl. plicata findet sich auch auf trockenen Standorten vor, ein Umstand, der jedenfalls von Einfluß auf seine Tracht ist. An Spectabilis erinnert der aufrechte, nicht überhängende, sondern allseitwendige, offene Blütenstand, die merkliche Neigung zur Ausbildung rispiger Äste und die höhere Abästungsziffer auf den unteren Stufen. Unter 50 Pflanzen mit insgesamt 585 Stufen befanden sich 17 Stufen mit 4 Abästungen (gegen nur 6 bei Fluitans). Durch den verhältnismäßig schwachen Besatz des Blütenstandes mit Ährchen kommt auf der anderen Seite Plicata dem Fluitans ebenso nahe

Gut ausgebildete Pflanze

Stufe 15	o	1 Ährchen
„ 14	o	1 „
„ 13	o	1 „
„ 12	o	1 „
	o	
„ 11	o	2 „
	o	
„ 10	oo	3 „
	o	
„ 9	ooo	4 „
	oo	
„ 8	oooo	6 „
	oo	
„ 7	oooo	6 „
	o	
	o	
„ 6	oooo	6 „
	o	
	oo	
Stufe 5	ooooooo	10 Ährchen
	o	
	o	
	ooo	
„ 4	ooooooooo r	14 „
	o	
	o	
	ooo	
„ 3	oooooooooo o r	16 „
	o	
	o	
	ooo	
„ 2	oooooooooo oo r	17 „
	o	
	o	
	ooo	
„ 1	oooooooooo r	15 „

Zahl der Stufen: 15.
„ „ Äste: 36.
„ „ Ährchen: 103.

Zahl der einfachen Trauben: 19.
„ „ Doppeltrauben: 13.
„ „ echten Rispen: 4.

Schwach ausgebildete Pflanze

Stufe		
Stufe 10	o	1 Ährchen
„ 9	o	1 „
„ 8	o	1 „
„ 7	o	1 „
	o	
„ 6	o	2 „
	o	
„ 5	o	2 „
	o	
	o	
„ 4	oo	4 „
	o	
	o	
„ 3	ooooo	7 „
	o	
	oo	
„ 2	ooooo	8 „
„ 1	oooooo	6 „

Zahl der Stufen: 10.
„ „ Äste: 18.
„ „ Ährchen: 33.
„ „ einfachen Trauben: 13.
„ „ Doppeltrauben: 5.
„ „ echten Rispen: 0.

wie durch den niedrigen, eine Höhe von 80 cm gewöhnlich nicht überschreitenden Wuchs. In der Ährchenbildung hält Plicata die Mitte, indem es, wenigstens auf trockenem Boden, nur 5—8 Blüten im Ährchen entwickelt. Die Stufenzahl bewegte sich bei 50 Pflanzen zwischen 9 und 15 (Fluitans 9 und 19, Spectabilis bis 16), die Ästezahl von 13—37 (Fluitans 16—37, Spectabilis bis 49) und der Ährchenbestand zwischen 17 und 106 (Fluitans 22—100, Spectabilis bis 382). Einzelendährchen sind zu 3 oder 4 vorhanden.

Irgendein Nutzwert von Bedeutung kommt dem gefalteten Schwaden nicht zu.

Glyceria distans, der *Salz-* (oder *Spreiz-*)schwaden. Das im Binnenlande sehr zerstreut und niemals in größeren Beständen auftretende Gras wird bald zu Poa, bald zu Glyceria, bald zu Festuca gestellt. Manche Autoren haben es zum Träger einer besonderen Gattung: Atropis gemacht. Auf Grund seiner Blütenstandstracht müßte das Gras zu Poa gebracht werden. Dem steht entgegen, daß die Spelzen nicht zugespitzt und auch nicht gekielt, sondern oberends abgestumpft und am Rücken abgerundet sind wie bei Glyceria (Abb. 47). Die geringe Anzahl der endständigen Einzelährchen und die mehr als zwei betragende Anzahl der Abästungen auf den unteren Stufen verbietet die Einordnung unter Festuca. Gestalt der Spelzen und der Ährchen weisen auf Glyceria hin. Offenbar liegt in dem Grase eine Kreuzung

Abb. 47. Glyceria (Atropis) distans. a) die Blütenspelze, b) ein Ährchen.

von Poa mit Glyceria vor. Die aus 4—6 drehrunden Blüten bestehenden Ährchen sind sehr kurz gestielt, so daß die Seitenäste scheinährige Beschaffenheit vortäuschen. Während des Abblühens spreizen die Seitenäste fast wagerecht von der Spindel ab, nach dem Abblühen senken sich die unteren Äste abwärts. Wirtschaftliche Bedeutung kommt dem Spreizschwaden nach keiner Richtung hin zu. Als Ungras ist er bisher im Binnenland nicht hervorgetreten, da er vorzugsweise Wustplätze aufsucht. Von Gl. fluitans und Gl. spectabilis weicht er dadurch ab, daß er trockene Standplätze aufsucht, offene Blattscheiden besitzt und in der Halmhöhe über 50 cm nicht wesentlich hinausgeht. An Poa pratensis erinnert die Abästungsweise der untersten Stufe (1 längster, 2 mittellange, 2 kurze Äste).

Glyceria (Atropis) distans.

Gut ausgebildete Pflanze:
Gesamtlänge 53,5 cm.
Blütenstandslänge 13 cm.
Stufe 1 2,9 cm.
„ 2 2,0 cm.
„ 3 1,5 cm.

Stufe			
Stufe	15	o	1 Ährchen
„	14	o	1 „
„	13	o	1 „
„	12	o	1 „
		o	1 „
		o	1 „
		o	1 „
„	11	o	1 „
		o	1 „
„	10	ooo	3 „
		oo	2 „
„	9	oooo	4 „
		oooo	4 „
„	8	ooooooo	7 „
		o	1 „
		o	1 „
		o	1 „
		ooo	3 „
		oooo	4 „
„	7	ooooooo	7 „
		oo	2 „
		ooooo	5 „
„	6	oooooooooo r	10 „
		ooo	3 „
		ooo	3 „
		oooooo	6 „
„	5	oooooooooo ooo r	13 „

	o	1 Ährchen
	ooo	3 ,,
	ooo	3 ,,
	ooooooo	7 ,,
Stufe 4	oooooooooo oooooo r	16 ,,
	ooo	3 ,,
	oooo	4 ,,
	ooooo	5 ,,
	oooooo	6 ,,
,, 3	oooooooooo oooooooooo o r	21 ,,
	o	1 ,,
	oo	2 ,,
	oooo	4 ,,
	ooooo	5 ,,
	ooooooooo r	9 ,,
,, 2	oooooooooo oooooooo r	18 ,,
	oo	2 ,,
	oooooo	6 ,,
	ooooooo r	7 ,,
	oooooooooo oooo r	14 ,,
,, 1	oooooooooo ooooooooo r	19 ,,

Zahl der Stufen: 15.
,, ,, Äste: 48.
,, ,, Ährchen: 244.
,, ,, einfachen Trauben: 14.
,, ,, Doppeltrauben: 25.
,, ,, echten Rispen: 9.

Schwach ausgebildete Pflanze

Stufe 9	o	1 Ährchen
,, 8	o	1 ,,
	o	1 ,,
,, 7	o	1 ,,
	o	1 ,,
,, 6	oo	2 ,,
	o	1 ,,
,, 5	oo	2 ,,
	ooo	3 ,,
,, 4	oooo	4 ,,
	oooo	4 ,,
,, 3	ooooo r	5 ,,
	oooooo r	6 ,,
,, 2	oooooooooo r	10 ,,
	o	1 ,,
	o	1 ,,
	ooo	3 ,,
,, 1	oooooooo r	8 ,,

Zahl der Stufen: 9.
,, ,, Äste: 18.
,, ,, Ährchen: 55.
,, ,, einfachen Trauben: 8.
,, ,, Doppeltrauben: 6.
,, ,, echten Rispen: 4.

Glyceria spectabilis. Der Prachtschwaden, ein überaus stattliches, über ganz Deutschland verbreitetes, dabei aber an die Wassernähe gebundenes Gras, unterscheidet sich von dem flutenden Schwade vor allen Dingen durch den bis 2 m hohen aufrechten Wuchs, durc seinen eine *echte Rispe* bildenden, überaus ährchenreichen Blütenstand und durch die kürzeren Ährchen. Obwohl die Abästung auf den einzelne Stufen nur nach 1 Seite hin erfolgt, besitzt der Blütenstand doch di Form eines vollkommenen Kegels. Im Gegensatz zu Gl. fluitans sin die Stufenabstände sehr klein. Die Zahl der Abästungen beträgt au den unteren Stufen vorwiegend 5. Von 55 Pflanzen zeigten:

	unterste Stufe	2. Stufe	3. Stufe
Abästungen zu 1	3	1	1
,, ,, 2	2	0	0
,, ,, 3	5	5	3
,, ,, 4	18	15	28
,, ,, 5	22	24	18
,, ,, 6	4	6	4
,, ,, 7	o	2	1
,, ,, 8	0	1	0
,, ,, 9	1	1	0

Unter den Endeinzelährchen herrscht die 3-Zahl vor, schwankt in übrigen zwischen 2 und 6.

Das Gras gilt hier und da als brauchbares Futter für das Rindvieh Demgegenüber ist hervorzuheben, daß die Blätter von Gl. spectabili sehr oft mit dem Brandpilz Ustilago longissima behaftet sind und da sie dadurch, nach *Eriksson*, Schädigung bei der Verfütterung hervor rufen können. Jedenfalls bleibt der Prachtschwaden, ohne gerade ei Ungras zu sein, ein Gras von zweifelhaftem landwirtschaftlichem All gemeinwerte.

Mittelstark ausgebildete Pflanze

Stufe 16	o	1 Ährchen
,, 15	o	1 ,,
,, 14	o	1 ,,
	o	
,, 13	o	2 ,,
	o	
,, 12	oo	3 ,,
	o	
,, 11	oo	3 ,,
,, 10	oooo	4 ,,
	o	
	oo	
,, 9	ooooooo	10 ,,
	o	
	o	
	ooo	
,, 8	oooooooo r	13 ,,

		oo	
		oooo	
Stufe	7	oooooooooo o r	17 Ährchen
		o	
		oo	
		ooooooo	
„	6	oooooooooo ooooo r	25 „
		o	
		oo	
		ooooooo	
„	5	oooooooooo oooooooooo oo r	32 „
		oo	
		oo	
		ooo	
		oooo	
		oooooooooo r	
		oooooooooo o r	
		oooooooooo oooooooooo oooooooooo o r	
„	4	oooooooooo oooooooooo oooooooooo ooo r	96 „
		oo	
		ooooo	
		oooooooooo oooo r	
„	3	oooooooooo oooooooooo oooooooooo ooo r	54 „
		oo	
		oooooo	
		oooooooooo oooo r	
„	2	oooooooooo oooooooooo oooooooooo ooooooo r	59 „
		oo	
		oo	
		oooooo	
		oooooooooo r	
„	1	oooooooooo oooooooooo oooooooooo oooooooooo ooooo r	65 „

Zahl der Stufen: 16.
„ „ Äste: 49.
„ „ Ährchen: 382.

Zahl der einfachen Trauben: 12.
„ „ Doppeltrauben: 23.
„ „ echten Rispen: 14:

Hierochloa. Mariengras.

Gute Arten	Von minderem oder umstrittenen Werte	Ungräser
—	Australis	—
	Odorata.	

Das Mariengras, auch Darrgras genannt, erinnert in seiner Gesamttracht etwas an das Zittergras, Briza, in der Tracht der Ährchen an das Perlgras Melica uniflora. Aus einem kriechenden ausdauernden Wurzelstock erhebt sich ein 10—60 cm hoher Halm mit einer 6—10 cm langen *echten Rispe* einfacher Art. Die Zahl der Ährchen geht selten über 50 hinaus. Von den 3 Blüten des Ährchens sind die beiden unteren männlich, die oberste zwittrig und mit nur 2 Staubgefäßen versehen. Das Ährchen ist fast so breit wie lang.

Muster von H. odorata nach *Nees*

Stufe		Äste	Ährchen
Stufe	10	o	1 Ährchen
,,	9	o	1 ,,
,,	8	o	1 ,,
,,	7	oo	2 ,,
		o	1 ,,
,,	6	oo	2 ,,
,,	5	ooooo r	5 ,,
		ooo	3 ,,
,,	4	oooo r	4 ,,
		oooo r	4 ,,
,,	3	oooooo r	6 ,,
		ooooo r	5 ,,
,,	2	ooooo r	5 ,,
		oooo r	4 ,,
,,	1	oooo r	4 ,,

Zahl der Stufen: 10.
,, ,, Äste: 15.
,, ,, Ährchen: 48.
,, ,, einfachen Trauben: 4.
,, ,, Doppeltrauben: 3.
,, ,, echten Rispen: 8.

nach *Parnell*

Stufe		Äste	Ährchen
Stufe	9	o	1 Ährchen.
,,	8	o	1 ,,
,,	7	o	1 ,,
,,	6	o	1 ,,
		oo	2 ,,
,,	5	oo	2 ,,
		ooo	3 ,,
,,	4	ooo	3 ,,
		ooo	3 ,,
,,	3	oooooo r	6 ,,
		oooo	4 ,,
,,	2	ooooooo r	7 ,,
		oooo	4 ,,
,,	1	oooooo r	6 ,,

Zahl der Stufen: 9.
,, ,, Äste: 14.
,, ,, Ährchen: 44.
,, ,, einfachen Trauben: 4.
,, ,, Doppeltrauben: 5.
,, ,, echten Rispen: 5.

Das Gras besitzt weder für die Wiese noch für die Weide einen erheblichen Wert, ohne deshalb aber Ungras zu sein. Beheimatet ist H. odorata in Brüchen (Oderbruch) und Flußauen (Elbaue).

H. australis, noch seltener als H. odorata, sendet auf jeder Stufe gewöhnlich nur 1 Ast ab. Im Blütenbau gleicht es dem H. odorata. Standort sind in erster Linie Wälder.

Holcus. Honiggras.

Gute Arten	Von minderem oder umstrittenen Werte	Ungräser
—	Lanatus	Mollis.

Die Gattung Holcus ist in Deutschland durch die beiden Arten Lanatus und Mollis vertreten. Beide haben als Blütenstand eine *echte Rispe,* die sich aber nur während des Blühens öffnet im übrigen ihre Äste so dicht der Hauptachse anschmiegt, daß sie den Eindruck einer einfachen Scheinähre hervorruft. Botanisch unterschieden werden die beiden Arten durch die Behaarung und namentlich durch die Gestalt der aus der oberen der beiden Blüten hervorgehenden Granne. Bei Mollis besteht sie aus einem gradlinigen, aus der Blüte hervortretendem Faden von etwa doppelter Ährchenlänge, bei Lanatus (Abb. 48) aus einem sichelähnlich gekrümmten Gebilde, welches von den Ährchenspelzen fast vollkommen eingehüllt wird.

Holcus lanatus, früher als wolliges Roßgras, neuerdings als Honiggras und bei den Schäfern auch als Samtgras bezeichnet, wird hinsichtlich

Muster einer gut ausgebildeten Pflanze

Stufe		
Stufe 13	o	1 Ährch.
	o	1 „
„ 12	o	1 „
„ 11	o	1 „
	o	1 „
„ 10	o	1 „
	o	1 „
	o	1 „
„ 9	oo	2 „
	oo	2 „
„ 8	oooo	4 „
	oooo	4 „
„ 7	ooooooo r	7 „
	ooooooo r	7 „
„ 6	oooooooo r	8 „
	oooooooo r	8 „
„ 5	oooooooooo ooo r	13 „
	oooooooooo r	10 „
„ 4	oooooooooo oooooooooo r	20 „
	oooooooooo ooooo r	15 „
„ 3	oooooooooo oooooooooo ooooooo r	27 „
	oooooooooo o r	11 „
	oooooooooo oooooooooo r	20 „
„ 2	oooooooooo oooooooooo oooooooooo oooooooooo ooooooo r	47 „
	oooooooooo oooooooooo ooooooooo r	29 „
	oooooooooo oooooooooo oooooooooo oo r	32 „
„ 1	oooooooooo oooooooooo oooooooooo ooo r	33 „

Zahl der Stufen: 13.	Äste mit einfacher Traube: 8.	Stufen mit 1 Ast: 2.
„ „ Äste: 27.	„ „ Doppeltraube: 4.	„ „ 2 Ästen: 9.
„ „ Ährchen: 307.	„ „ echte Rispe: 15.	„ „ 3 „ 2.

seines landwirtschaftlichen Gebrauchswertes recht verschieden beurteilt. Noch vor 150 Jahren schreibt *Schreber* (Beschreibung der Gräser, S. 147) „Es ist daher nicht nur dem großen Viehe ein angenehmes Futter, sondern die Schafe sind auch sehr begierig darnach und lassen viele andere Gräser und Gewächse dafür stehen." Gegenwärtig sehen Gegenden mit guten Böden in dem Samtgras einen unerwünschten Bestandteil von Wiese und Weide. Landstriche mit ärmeren Böden nehmen das Gras als Futtermittel in

Abb. 48. Ährchen von Holcus lanatus.

Ermangelung von etwas Besserem hin. Die *Rispe* wird selten über 14 cm lang (bei 75 Pflanzen 3,2—13,7 cm, im Mittel 9 cm), enthält 13—15 Stufen, 24—27 Äste und 203—350 Ährchen. Am obern Ende des Blütenstandes befinden sich üblicherweise 2 dicht aneinandergedrängte Einzelährchen. Bei den Abästungen herrscht die Zweizahl vor. Als Erkennungszeichen kann auch noch die Verfärbung der Rispe in das Violette benutzt werden.

Muster einer schwach ansgebildeten Pflanze.

Länge des Blütenstandes 8,0 cm.
Stufe 1 1,0 cm.
„ 2 1,2 cm.
„ 3 1,1 cm.

Stufe	12	o	1 Ährchen.
„	11	o	1 „
		o	1 „
„	10	o	1 „
		oo	2 „
„	9	oo	2 „
		oo	2 „
„	8	oooo	4 „
		ooo	3 „
„	7	ooooooo	7 „
		oooooo	6 „
„	6	oooooooo r	8 „
		ooooooooo r	9 „
„	5	oooooooooo ooooo r	15 „
		oooooooooo r	10 „
„	4	oooooooooo oooooooo r	18 „
		oooooooooo ooooo r	15 „
„	3	oooooooooo oooooooooo o r	21 „
		oooooooooo ooooooo r	17 „
„	2	oooooooooo oooooooooo oooooooo r	28 „
		ooooo	5 „
		oooooo	6 „
„	1	oooooooooo ooo r	13 „

Zahl der Stufen: 12.	Äste mit einfacher Traube: 4.	Stufen mit 1 Ast: 2.
„ „ Äste: 23.	„ „ Doppeltraube: 9.	„ „ 2 Ästen: 9.
„ „ Ährchen: 195.	„ „ echte Rispe: 10.	„ „ 3 Ästen: 1.

Holcus mollis, das weiche Honiggras, gleicht im großen und ganzen dem Samtgras, bleibt aber in seiner Ausbildung nach verschiedenen Richtungen hin hinter H. lanatus zurück. Es erreicht nicht die Höhe wie Letzteres, es fehlt ihm die für das Samtgras eigentümliche Behaarung es beschränkt sich jestufig auf die Abzweigung zweier Seitenäste und erreicht nicht die hohe Ährchenzahl. Am längsten Aste einer gut ausgebildeten Pflanze konnten nur 17 Ährchen gezählt werden gegenüber 51 bei Lanatus. Fast allgemein wird H. mollis als Ungras angesprochen. Den Standort hat es mit dem Samtgras gemeinschaftlich. Der gegenüber Lanatus schwächere Ausbau der *Rispe* kommt durch die nachstehenden Angaben zum Ausdruck!

Muster einer gut ausgebildeten Pflanze:

Blütenstandslänge: 4—6,7 cm, durchschnittlich 5,7 cm.
Stufenzahl: 10—11.
Ästezahl: 18—20.
Ährchenzahl: 67—113.

Länge des Blütenstandes: 6,7 cm.

Stufe	11	o	1 Ährchen
„	10	o	1 „
		o	1 „
„	9	o	1 „
		oo	2 „
„	8	oo	2 „
		oo	2 „
„	7	oooo	4 „
		oooo	4 „
„	6	oooooo r	6 „
		oooooo	6 „
„	5	oooooooo r	8 „
		oooooo	6 „
„	4	ooooooo r	7 „
		ooooooo r	7 „
„	3	oooooooooo oo r	12 „
		oooooooo r	8 „
„	2	oooooooooo r	10 „
		oooooo	6 „
„	1	ooooooooo r	9 „

Zahl der Stufen: 11.
„ „ Äste: 20.
„ „ Ährchen: 103.
Äste mit einfacher Traube: 4.
„ „ Doppeltraube: 8.
„ „ echter Rispe: 8.
Stufen mit 1 Ast: 2.
„ „ 2 Ästen: 9.
„ „ 3 „ 0.

Muster einer schwach ausgebildeten Pflanze:

Länge des Blütenstandes: 4,0 cm.

Stufe	10	o	1 Ährchen
„	9	o	1 „
		o	1 „
„	8	o	1 „
		oo	2 „
„	7	oo	2 „
		oo	2 „
„	6	oooo	4 „
		oooo	4 „
„	5	oooo	4 „
		oooo r	4 „
„	4	ooooo	5 „
		ooooo	5 „
„	3	ooooooo r	7 „
		oooo	4 „
„	2	oooooooo	8 „
		oooo	4 „
„	1	oooooooooo oo r	12 „

Zahl der Stufen: 10.
„ „ Äste: 18.
„ „ Ährchen: 67.
Äste mit einfacher Traube: 4.
„ „ Doppeltraube: 11.
„ „ echter Rispe: 3.
Stufen mit 1 Ast: 2.
„ „ 2 Ästen: 8.
„ „ 3 „ 0.

Hordeum. Gerste.

Gute Arten	Von minderem oder umstrittenen Werte	Ungräser
Secalinum (Pratense).	Maritimum	Murinum.

Neben den angebauten Gerstenarten kommen in Deutschland 3 wildwachsende Formen: Hordeum maritimum With., H. murinum L. und H. secalinum Schreb. vor. Unter den Letzteren spielt die auf sandige, salzige Nordseeküstenorte beschränkte Meerstrandgerste landwirtschaftlich gar keine Rolle. Etwas höher zu bewerten ist die Wiesengerste H. secalinum. Ein ausgesprochenes, dabei aber landwirtschaftlich doch bedeutungsloses Ungras ist die Mäusegerste, H. murinum. Alle 3 Gräser sind durch die grannenartige Ausbildung der Ährchenspelzen ausgezeichnet (Abb. 49).

Abb. 49. Hordeum murinum. a) Unterster Teil der Ährchenspindel. b) Drei der auf gleicher Höhe nebeneinanderstehenden einblütigen Ährchen. c) Die behaarte Blütenspelze des Mittelährchens.

Der Blütenstand bildet ein ganz eigentümliches Gemisch von *echter Ähre* und *Scheinähre,* insofern als das mittlere der 3 einblütigen auf gleicher Spindelhöhe nebeneinander stehende Ährchen ungestielt ist, die beiden seitlichen Ährchen aber bestielt sind. Allgemeine Verbreitung besitzt nur die Mäusegerste. Sie besiedelt mit Vorliebe trockene, harterdige Plätze, wie sie z. B. Mauerwinkel, Wegeränder, Böschungen darbieten. Vom freien Felde und von Wiesen hält sie sich fern. Die Wiesengerste sucht feuchtes Gelände auf, wobei sie etwas salzhaltiges bevorzugt.

Schlüssel zur Auseinanderhaltung der 3 wildwachsenden Gerstenarten:

a) Spelzen-Ährchen der Mittelblüte *bewimpert* (Abb. 49c) — murinum.

aa) Ährchenspelzen sämtlich unbehaart.

b) Sämtliche Blütenspelzen borstenförmig — secalinum.

bb) Blütenspelzen der Seitenährchen schmallanzettlich, die innere am Grunde zu einem Halboval erweitert — maritimum.

Köleria. Kammschmele.

Gute Arten	Von minderem oder umstrittenen Werte	Ungräser
—	Cristata (Glauca).	—

Die keineswegs ein gutes Futtergras, andererseits aber auch kein regelrechtes Ungras darstellende Kammschmele besitzt einen Blütenstand, der je nachdem eine *Scheinähre* oder auch eine *gedrungene Rispe* bildet. Während der im Juni und Juli liegenden Blütenzeit spreizen die kurzen Seitenästchen derart von der Spindel ab, daß die Tracht einer Rispe entsteht, außerhalb der Blütezeit schmiegen sich die Ästchen aber so innig an die Blütenstandsachse an, daß eine walzige Scheinähre vorliegt. Zwischen dem untersten Ährchenbüschel und dem nächstfolgenden oberen pflegt ein Stück der Spindel frei sichtbar zu bleiben (Abb. 50). Das Gras sucht sonniges trockenes, hügeliges, kalkhaltiges Land auf. Zur Bildung geschlossener Rasen kommt es dabei nicht. Köleria glauca mit graugrüner Färbung wird vielfach nur als Abart von Cristata angesprochen, dem es in seinem biologischen Verhalten vollkommen gleicht.

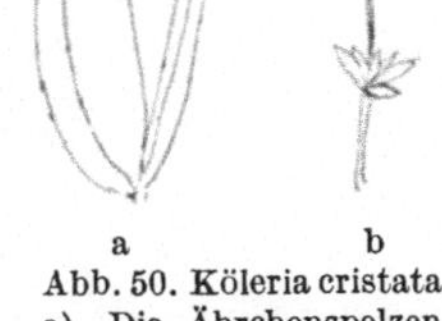

a b
Abb. 50. Köleria cristata. a) Die Ährchenspelzen. b) Der Blütenstand.

Lolium. Weidelgras.

Gute Arten	Von minderem oder umstrittenen Werte	Ungräser
Multiflorum Perenne	—	Arvense Temulentum.

Die 4 in Deutschland vorkommenden Weidelgräser besitzen als Blütenstand eine *unterbrochene Ähre* mit zweizeilig angeordneten gegenständigen Ährchen. Auf den ersten Blick gleichen sie den Quecken, unterscheiden sich von diesen in sehr einfacher Weise aber dadurch, daß die plattgedrückten Ährchen der Spindel mit ihrer *schmalen* Seite anliegen. Mit dieser Anordnung hängt es auch zusammen, daß die Ährchen (ausgenommen das Blütchen an der Spitze) nur eine Ährchenspelze und diese auf der der Spindel abgewendeten Seite besitzen (Abb. 51). Neben 2 guten Gräsern enthält die Gattung auch 2 ausgesprochene Ungräser: den Taumellolch, L. temulentum, und den Acker- oder Leinlolch, L. arvense (linicolum, remotum). Ersterer kann unter Umständen mit dem ebenfalls Grannen tragenden welschen Weidelgras, L. multiflorum, letzterer mit dem ebenfalls unbegrannten deutschen Weidelgras, L. perenne, verwechselt werden. Zur Auseinanderhaltung werden am besten die Ährchenspelzen verwendet, welche beim deutschen und welschen Weidelgras merklich kürzer als das Ährchen bei den beiden

Ungräsern annähernd ebensolang sind. Beide Ungräser sind einjährig und bilden im Gegensatz zu den beiden Nutzweidelgräsern, welche ausdauernd sind, keine Wurzelblätter aus.

Der *Taumellolch* unterscheidet sich durch seine Begrannung vom Leinlolch. Während das grün verfütterte, im übrigen ziemlich wertlose Gras, dem Viehe keinerlei Nachteile bereitet, wird dem in das Futter gelangenden Samen nachgesagt, daß er Anlaß zu dem Eintreten krankhafter Erscheinungen gibt. Tatsache ist, daß fast alle Taumellolcharten unter der Samenschale ein steril bleibendes Mycel beherbergen, welches der Träger eines Giftstoffes sein könnte. Die Meinungen hierüber sind indessen noch sehr geteilt.

Abb. 51. Lolium arvense. Ein Ährchen.

Die Samen des Taumellolches gelangen ziemlich spät im Jahre, Monat August, September zur Reife und damit zum Ausfall. Zu ihrer Auskeimung bedürfen sie reichlich viel Feuchtigkeit. Es hängt damit zusammen, daß sie 2, 3 Jahre auf oder im Acker liegen bleiben können, ohne auszukeimen aber auch ohne ihrer Keimfähigkeit verlustig zu gehen. Vor dem Winter zur Entwicklung gelangende Taumellolchpflänzchen erliegen dem Froste.

Durch Taumellolch verunreinigte Felder sind an der Oberfläche trocken zu halten, erforderlichen Falles durch Anlegung von Abzugsgräben. Ferner ist durch Anbau früh reifenden Getreides dafür zu sorgen, daß der Taumellolch bei der Getreideernte noch nicht seine Reife und damit noch nicht die Fähigkeit zum Ausstreuen seiner Samen auf den Acker erlangt hat.

Der *Acker-* oder *Leinlolch* tritt fast nur in Leinfeldern auf. Seine Ährchen sind im Gegensatz zu denen des Taumellolches unbegrannt und zudem etwas plumper. Die ziemlich breite riefige Ährchenspelze läßt das oberste Blütchen des Ährchens unbedeckt (Abb. 51).

Auch dem Samen des Leinlolches sollen giftige Eigenschaften anhaften. Nach *Steglich* (Fühlings Landw. Zeit. 1921, S. 76) ruft der Genuß von Leinöl, welches aus leinlolchhaltigem Gut hergestellt worden ist, ähnliche Erscheinungen hervor wie der Taumellolch.

Melica. Perlgras.

Gute Arten	Von minderem oder umstrittenen Werte	Ungräser
—	Ciliata	—
	Nutans	
	Uniflora.	

Alle 3 in Deutschland vorkommenden Perlgrasarten fehlen vollkommen auf Wiesen und Weiden, ihre Standorte sind trockene Lagen in lichten Wäldern des Kalkgebietes. Keine der 3 Arten hat erhebliche landwirtschaftliche Bedeutung, sei es als Futter — sei es als Ungras. Melica nutans und M. uniflora können unter Umständen von einigem Nutzen für das Wild werden. Als zarte, nur dünne

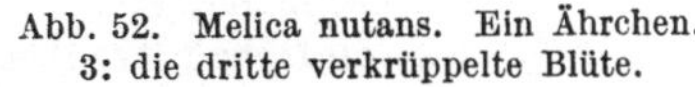

Abb. 52. Melica nutans. Ein Ährchen. 3: die dritte verkrüppelte Blüte.

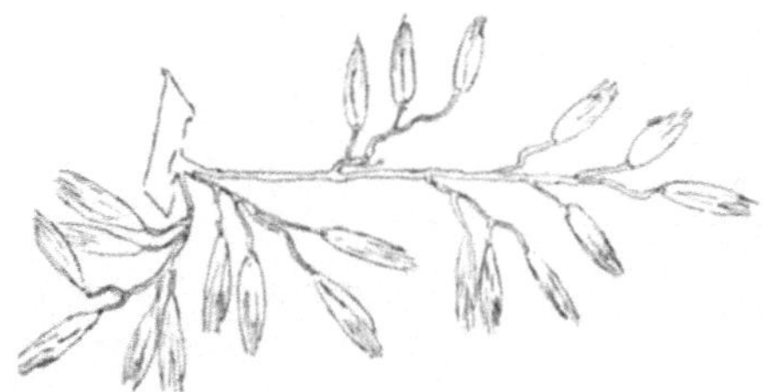

Abb. 53. Melica ciliata. Ein Ast aus der Scheinähre.

Bestände bildende und deshalb wenig Masse liefernde Gräser sind beide aber selbst als Wildfutter nicht sonderlich hoch zu bewerten. Allen 3 Perlgräsern eigentümlich ist eine sterile, langgestielte Blüte von plumper Gestalt im Ährchen (Abb. 52) dazu eine geschlossene Blattscheide. In der Blütenstandsbildung weicht Ciliata erheblich von nutans und uniflora ab.

Melica ciliata, das *Wimperperlgras*, besitzt eine *einfache Scheinähre* von *rispiger* Herkunft (Abb. 53), deren unterste Äste ziemlich lang und reichlich mit Ährchen (17—23) besetzt sind. Die äußere Blütenspelze trägt Haare von Spelzenlänge, welche nach dem Abblühen sehr deutlich in die Erscheinung treten und alsdann dem Blütenstand das Aussehen einer walzigen Bürste geben. Das Gras hat aufrechten Wuchs, erreicht eine Höhe bis zu 85 cm, bleibt auf steinige Abhänge des Kalkbodens beschränkt und bildet hier Einzelhorste. Die Länge der Scheinähre schwankt zwischen 7 und 12 cm, die Zahl der Ährchen beträgt 126—371.

Melica nutans, das *Nickeperlgras*, mit zarten dünnen Halmen und schmalen Blättern gehört zu den armährigen Gräsern, denn die Zahl seiner Ährchen bewegt sich zwischen 6 und 15. Der Blütenstand bildet eine einseitwendige *Traube* mit herabhängenden, gedrungen eiförmigen Ährchen (Abb. 54). In der Tracht seines Blütenstandes erinnert es an das Maiglöckchen.

Abb. 54. Melica nutans. Der traubige Blütenstand.

Melica uniflora, das einblütige Perlgras, so benannt, weil es im Ährchen nur eine vollständige Blüte enthält, ist wie M. nutans ein überaus zartes Gras. Der Blütenstand besteht aus einer höchstens zweiästigen *Doppeltraube* mit wenigen eiförmigen, im Gegensatz zu M. nutans

Muster einer gut ausgebildeten Pflanze von M. nutans. Rastenberg.

Stufe 7	o	1	Ährchen
„ 6	o	1	„
„ 5	o	1	„
	o	1	„
„ 4	o	1	„
	o	1	„
„ 3	oo	2	„
	o	1	„
„ 2	oo	2	„
„ 1	ooo	3	„

Zahl der Stufen: 7.
„ „ Äste: 10.
„ „ Ährchen: 14.
„ „ einfachen Trauben: 7.
„ „ zusammenges. Trauben: 3.
„ „ rispigen Äste: 0.

Muster einer schwach ausgebildeten Pflanze. Rastenberg.

Stufe 5	o	1	Ährchen
„ 4	o	1	„
„ 3	o	1	„
	o	1	„
„ 2	o	1	„
„ 1	ooo	3	„

Zahl der Stufen: 5.
„ „ Äste: 6.
„ „ Ährchen: 8.
„ „ einfachen Trauben: 5.
„ „ zusammenges. Trauben: 1.
„ „ rispigen Äste: 0.

Muster einer gut ausgebildeten Pflanze. Knabenwald, Schulpforta.

Stufe 8	o	1	Ährchen
„ 7	o	1	„
„ 6	o	1	„
	o	1	„
„ 5	o	1	„
„ 4	ooo	3	„
„ 3	ooooo	5	„
„ 2	ooo	3	„
„ 1	oooo	4	„

Zahl der Stufen: 8.
„ „ Äste: 9.
„ „ Ährchen: 20.
„ „ einfachen Trauben: 5.
„ „ zusammenges. Trauben: 4.
„ „ rispigen Äste: 0.

aber sehr lang gestielten Ährchen. Die Stufenzahl bewegt sich zwischen 3 und 8, die Ästezahl zwischen 5 und 11, die Ährchenzahl zwischen 4

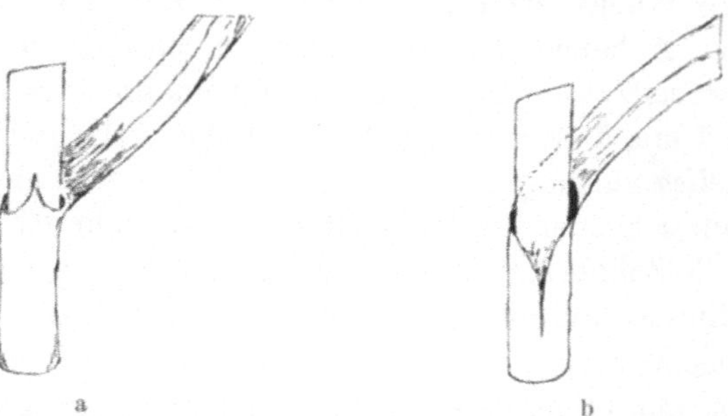

Abb. 55. Melica uniflora. a) Blattscheide mit dem Abschlußzäpfchen. b) Geschlossene Blattscheide von Glyceria fluitans.

und 18. Die Seitenäste weisen im allgemeinen nicht mehr als 2 Ährchen auf. Ein besonderes Kennzeichen des einblütigen Perlgrases besteht in einem zapfen- oder zungenförmigen Fortsatze der geschlossenen Blattscheide an der dem Blattspreitengrunde gegenüberliegenden Seite (Abb. 55). Den Standort hat es mit M. nutans gemein. Beide Gräser treten nicht selten in gemischten Beständen auf.

Mustei einer gut ausgebildeten Pflanze von M. uniflora. Knabenberg, Schulpforta.

Stufe 7	o	1	Ährchen	Zahl der	Stufen: 7.
„ 6	o	1	„	„ „	Äste: 11.
„ 5	o	1	„	„ „	Ährchen: 18.
	o	1	„	„ „	einfachen Trauben: 6.
„ 4	o	1	„	„ „	zusammenges. Trauben: 5.
	o	1	„	„ „	rispigen Äste: 0.
„ 3	oo	2	„		
	oo	2	„		
„ 2	ooo	3	„		
	oo	2	„		
„ 1	ooo	3	„		

Muster einer schwach ausgebildeten Pflanze. Ebendaher.

Stufe 5	o	1	Ährchen	Zahl der	Stufen: 5.
„ 4	o	1	„	„ „	Äste: 6.
„ 3	o	1	„	„ „	Ährchen: 8.
„ 2	oo	2	„	„ „	einfachen Trauben: 4.
	o	1	„	„ „	zusammenges. Trauben: 2.
„ 1	oo	2	„	„ „	rispigen Äste: 0.

Vorherrschende Bildungen sind:

o	und	o
o	„	o
o	„	o
o	„	o
o	„	o
oo	„	o
o	„	oo
oo	„	o
		oo

Milium. Flattergras.

Gute Arten	Von minderem oder umstrittenen Werte	Ungräser
—	Effusum	—

Milium effusum, das Flattergras, so genannt, weil sein Blütenstand etwas Gespreiztes, Wirres, Regelloses an sich hat, gehört unter die Gräser, welchen eine landwirtschaftliche Bedeutung weder nach der einen noch nach der anderen Seite hin zukommt. Es findet sich, niemals dichte Bestände bildend, in feuchten Laubwäldern vor, woselbst es Einzelhorste mit kräftigen 1 m Höhe und darüber (bis 1,75 m) erreichenden Halmen bildet. Das oberste Halmglied pflegt erhebliche Länge

— bis 90 cm — zu besitzen. Der Blütenstand ist von großer Zierlichkeit. Die zu einer *echten Rispe* vereinigten plattgedrückten Ährchen sind höchstens 2 mm lang. Ermittelungen an 25 Pflanzen ergaben:

Blütenstandslänge: 13,5—32,7 cm.
Stufenzahl: 9—17.
Länge der 3 untersten Stufen: 1—7,5 cm.
Ästezahl: 37—62.
Ästezahl 1. Stufe bis 10.
„ 2. „ 4—9.
Ährchenzahl: 143—306.

Endeinzelährchen:	1	1 mal
„	2	17 „
„	3	6 „
„	4	1 „

Die Endährchen der Hauptachse sind nahe aneinandergerückt. Der Ährchenansatz ist spindelfern, weshalb die längeren Äste bei reifenden Pflanzen etwas herabhängen. Die kleinen, eiförmigen an den Enden etwas zugespitzten Samen (Abb. 56) sind hartschalig und glasglänzend. Eine Eigentümlichkeit des Blütenstandes besteht darin, daß des öfteren schon die Äste mit nur 4 Ährchen Neigung zur rispigen Ausbildung aufweisen. Unter 274 Ästen mit je 4 Ährchen befanden sich nicht weniger als 46 rispige. In 1 Falle war sogar ein Ast mit nur 3 Ährchen rispig geformt. Eine weitere Eigentümlichkeit beruht in der geringen Anzahl von Ährchen, welche die Seitenäste tragen. Sie geht nicht über die Ziffer 17 hinaus, wahrscheinlich eine Folge der Dünnästigkeit und der Samenschwere.

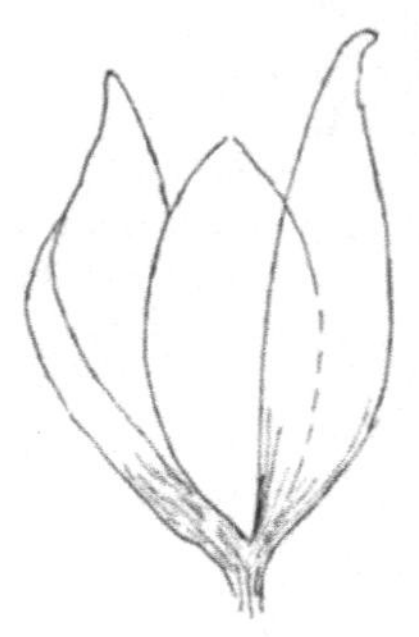

Abb. 56. Melium effusum. Ein Ährchen.

Muster einer gut ausgebildeten Pflanze

Blütenstandslänge: 21 cm. Stufe 2: 1,9 cm.
Stufe 1: 3 cm. „ 3: 2,0 cm.

Stufe			
Stufe 16	o	1	Ährchen
„ 15	o	1	„
„ 14	o	1	„
	o	1	„
„ 13	o	1	„
	o	1	„
„ 12	o	1	„
	oo	2	„
„ 11	oo	2	„
	ooooo	2	„
„ 10	oo	5	„
	oo	2	„
	oo	2	„
„ 9	oooooooooo r	10	„

	oo	2	Ährchen
	ooo	3	„
	oooo	4	„
	oooo r	4	„
Stufe 8	oooooo	6	„
	ooo	3	„
	oooo	4	„
	oooo r	4	„
	oooooo	6	„
„ 7	oooooooooo r	10	„
	oo	2	„
	ooo	3	„
	oooo r	4	„
	oooooo	6	„
	oooooooo	8	„
„ 6	oooooooooo r	10	„
	oo	2	„
	oo	2	„
	ooo	3	„
	oooo	4	„
	oooooo	6	„
	ooooooooo r	9	„
„ 5	oooooooooo oooo r	14	„
	ooo	3	„
	oooo	4	„
	ooooo r	5	„
	ooooooo r	7	„
	ooooooooo r	9	„
„ 4	oooooooooo oo r	12	„
	ooo	3	„
	oooo	4	„
	ooooo r	5	„
	oooooooo r	8	„
	ooooooooo r	9	„
„ 3	oooooooooo oo r	12	„
	o	1	„
	oo	2	„
	oooo	4	„
	ooooo	5	„
	oooooooo r	8	„
	oooooooooo r	10	„
„ 2	oooooooooo ooooo r	15	„
	o	1	„
	o	1	„
	ooo	3	„
	oooooo r	6	„
	oooooo r	6	„
„ 1	oooooooooo r	10	„

Zahl der Stufen: 16.
„ „ Äste: 61.
„ „ Ährchen: 306.

Zahl der einfachen Trauben: 10.
„ „ Doppeltrauben: 30.
„ „ rispigen Äste: 21.

Muster einer schwach ausgebildeten Pflanze

Blütenstandslänge: 16,5 cm.
Stufe 1: 1,0 cm.
„ 2: 2,8 cm.
„ 3: 2,4 cm.

Stufe	12	o	1	Ährchen.
„	11	o	1	„
		o	1	„
„	10	o	1	„
		o	1	„
„	9	oo	2	„
		oo	2	„
„	8	ooo	3	„
		oo	2	„
„	7	oooo	4	„
		oo	2	„
		oo	2	„
		oo	2	„
„	6	oooo	4	„
		oo	2	„
		oo	2	„
		oo	2	„
		oooo	4	„
„	5	ooooo	5	„
		oo	2	„
		oooo	4	„
		oooo	4	„
		oooooo	6	„
„	4	oooooooo r	8	„
		oooo	4	„
		ooooo	5	„
		ooooo r	5	„
		oooooo	6	„
„	3	ooooooooo r	9	„
		o	1	„
		ooo	3	„
		oooo	4	„
		ooooo	5	„
		oooooo	6	„
„	2	ooooooooo r	9	„
		o	1	„
		oo	2	„
		ooo	3	„
		oooo	4	„
„	1	oooooooo r	8	„

Zahl der Stufen: 12.
„ „ Äste: 40.
„ „ Ährchen: 143.

Zahl der einfachen Trauben: 7.
„ „ zusammenges. Trauben: 28.
„ „ rispigen Äste: 5.

Molinia. Pfeifengras.

Gute Arten	Von minderem oder umstrittenem Werte	Ungräser
—	—	Coerulea.

Molinia coerulea, das *Pfeifengras*, so benannt, weil es in früheren Zeiten zur Reinigung der langen Tabakspfeifen benutzt wurde, hat landwirtschaftlich so gut wie gar keine Bedeutung. Es findet sich vor auf haidigem, moorigem Gelände, gelegentlich auch einmal am Rande von Wassergräben. Seine Blühezeit fällt in den September hinein, womit es zu einem der am spätesten in die Entwicklung tretenden Gräser wird. Allein schon durch die Knotenlosigkeit des Halmes wird das Pfeifengras vor allen anderen Gräsern gut gekennzeichnet. In Wirklichkeit besitzt Molinia Halmknoten, sie sind aber so dicht unmittelbar über

Abb. 57. Molinia coerulea. Unterster Ast aus dem Blütenstande.

dem Boden zusammengedrängt, daß der Halm knotenlos zu sein scheint. Entsprechend dieser Bauweise bleibt die Entfaltung von Blättern auf die alleruntersten Teile des Halmes beschränkt. Das Gras erreicht eine Höhe bis zu 1 m, gelegentlich auch noch darüber hinaus, ohne dabei aber rohrartige Tracht anzunehmen. Die Horste pflegen in zerstreuter Anordnung beeinander zu stehen. Der Blütenstand besteht aus einer *echten Rispe* (Abb. 57) mit 20—26 Stufen, 16—50 cm Spindellänge (Durchschnitt von 100 Pflanzen 29,4 cm), 52—58 Abästungen und bis zu 350 Ährchen. An der Spitze pflegen sich 2 dicht beieinander stehende Einzelährchen vorzufinden. Nach und vor dem Blühen liegen die Ährchen den Seitenzweigen und diese der Hauptachse dicht an. Während des Blühens spreizen die Äste in einem Winkel von etwa 45 Grad nach oben ab. Besondere Eigentümlichkeiten des Pfeifengrases sind die völlige Regellosigkeit in der Stufenverteilung, die ganz willkürliche Verteilung der Ährchen und die Eignung zur Aufnahme des Mutterkornpilzes.

Molinia coerulea, Pfeifengras. Rastenberg, Klefferberg.

Stufe	26	o	1	Ährchen
„	25	o	1	„
„	24	oo	2	„
		oo	2	„
„	23	oo	2	„
„	22	oo	2	„
		o	1	„
„	21	oo	2	„
„	20	ooo	3	„
		o	1	„
„	19	ooo	3	„
„	18	oooo	4	„
„	17	ooooo	5	„
„	16	oooooo r	6	„
„	15	oooooo r	6	„
		ooo	3	„
„	14	ooooo	4	„
		ooo	3	„
„	13	oooo	4	„
„	12	oooooooo r	8	„
		oo	2	„
		oo	2	„
		ooo	3	„
„	11	ooooooo	7	„
		oooooo r	6	„
„	10	oooooooooo r	10	„
		oooooo r	6	„
„	9	oooooooooo o r	11	„
		oo	2	„
		oooo	4	„
„	8	oooooooooo oooo r	14	„
		oo	2	„
		oooo	4	„
„	7	oooooooooo ooooooooo r	19	„
		oo	2	„
		ooooo	5	„
„	6	oooooooooo ooooooo r	17	„
		ooo	3	„
		oooo	4	„
		oooooooo r	8	„
„	5	oooooooooo oooooooo r	18	„
		oooo	4	„
		ooooooo r	7	„
„	4	oooooooooo ooooo r	15	„
		o	1	„
		oo	2	„
		oo	2	„
		oooo	4	„
„	3	oooooooooo ooooooooo r	19	„

	oo	2 Ährchen
	oo	2 „
	oooooo	6 „
	oooooooo r	8 „
	oooooooooo o r	11 „
Stufe 2	oooooooooo ooooooo r	17 „
	oooooooooo r	10 „
„ 1	oooooooooo oooooooooo oooooooooo ooooooooo r	39 „

Zahl der Stufen: 26.
„ „ Äste: 58.
„ „ Ährchen: 358.

Zahl der traubigen Äste: 5.
„ „ doppeltraub. Äste: 33.
„ „ rispigen Äste: 20.

Muster einer schwach ausgebildeten Pflanze:

Stufe 20	o	1 Ährchen.
„ 19	o	1 „
	o	1 „
„ 18	o	1 „
	oo	2 „
„ 17	oo	2 „
„ 16	ooo	3 „
„ 15	ooo	3 „
„ 14	ooo	3 „
	o	1 „
„ 13	ooo	3 „
	o	1 „
„ 12	ooo	3 „
	oo	2 „
„ „11	ooo	3 „
	oo	2 „
„ 10	oooo	4 „
	oo	2 „
„ 9	ooooo	5 „
	o	1 „
	oo	2 „
„ 8	ooooo	5 „
	ooo	3 „
„ 7	oooooo	6 „
	o	1 „
	oo	2 „
	ooo	3 „
„ 5	ooooo	5 „
	o	1 „
	oo	2 „
	ooo	3 „
„ 5	oooooo	6 „
	o	1 „
	oooo	4 „
„ 4	oooooooooo r	10 „

	oo	2	Ährchen
	oo	2	„
	oo	2	„
	ooo	3	„
	ooo	3	„
	ooo	3	„
	oooooooo r	8	„
Stufe 3	ooooooooo r	9	„
	oo	2	„
	oooo	4	„
	ooooo	5	„
„ 2	oooooooooo ooo	13	„
	oo	2	„
	oo	2	„
	oooo	4	„
	ooooo	5	„
„ 1	oooooooooo ooooo r	15	„

Zahl der Stufen: 20.	Zahl der einfachen Trauben: 10.
„ „ Äste: 52.	„ „ Doppeltrauben: 37.
„ „ Ährchen: 192.	„ „ rispigen Äste: 5.

Nardus. Borstengras.

Gute Arten	Von minderem oder umstrittenem Werte	Ungräser
—	Stricta.	—

Das Borstengras, welches auf anmoorigen, etwas sandigen Böden ausgebreitete, dichte Rasen bildet, steht den Ungräsern nahe. Sein niedriges über 30 cm selten hinausgehender Wuchs, seine dünnen Stengel, seine pfriemlichen, harten Blätter machen es für die Verwendung auf Wiesen ungeeignet. Die Abneigung der Schafe gegen das Borstengras nimmt ihm auch fast allen Wert für Weidezwecke.

a b

Abb. 58. Nardus stricta. a) Zwei der einseitig angeordneten Ährchen. b) Eine Blütenspelze mit dem Rückenkiele.

Der Blütenstand ist von so eigenartiger Beschaffenheit, daß er zur Erkennung des Grases vollkommen hinreicht. Er zeigt eine unterbrochene Ähre mit 15—20 einblütigen, langen und schmalen, kurz begrannten Ährchen in einseitwendiger Anordnung (Abb. 58). Beim jungen Grase pflegen die Ährchen der Spindel dicht anzuliegen, nach der Reife hin spreizen sie ab, wobei der Blütenstand einem Kamme mit weitläufig gestellten Zinken ähnelt. Ährchenspelzen fehlen. Die Granne hat etwa die halbe Länge des Ährchens. Abweichend von allen anderen Gräsern besitzt Nardus stricta nur *einen* Narbenast, der noch am trockenen Grase als dünner, hin und her gekrümmter Faden sichtbar aus dem Ährchen heraushängt.

Phleum. Lieschgras.

Gute Arten	Von minderem oder umstrittenem Werte	Ungräser
Pratense	Böhmeri	Arenarium.

Von den Lieschgräsern gehört nur das Wiesenlieschgras zu den wertvollen Wiesenpflanzen, weder *Böhmers* noch das Sandlieschgras sind von erheblicher Nutzbarkeit. Ihr Blütenstand ist eine *hauptachsige Scheinähre* ähnlich der des Wiesenfuchsschwanzes. Zur Unterscheidung der beiden Grasarten läßt sich bis zu einem gewissen Grade die Blühezeit verwenden, welche beim Fuchsschwanz schon im Frühjahr, beim Lieschgras aber erst viel später einsetzt. Auch die Farbe der Staubbeutel —

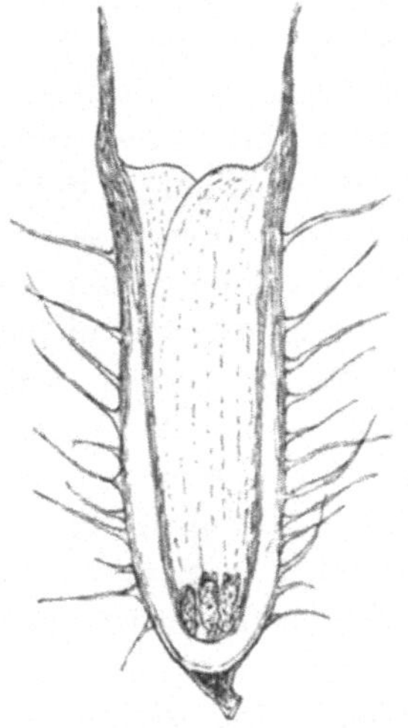

Abb. 59. Phleum pratense mit gedornten Ährchenspelzen.

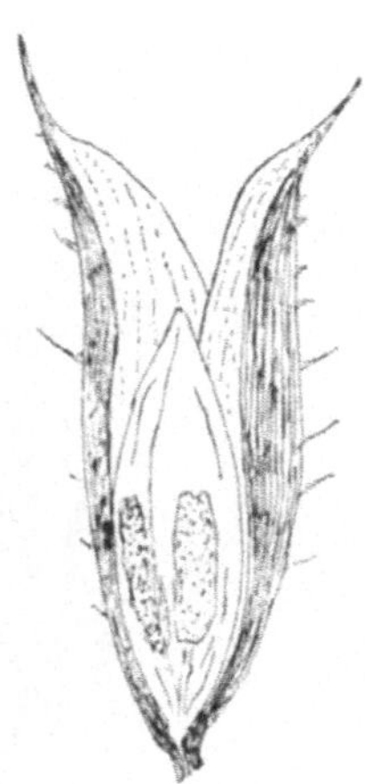

Abb. 60. Phleum boehmeri. Ein Ährchen.

Alopecurus fuchsbraun, Phleum gelb — bietet Unterscheidungsmerkmale. Im übrigen besitzt Phleum pratense eine *traubige* Alopecurus, eine *rispige* Scheinähre. Der über den Finger gebogene Blütenstand läßt beim Wiesenlieschgras die Ährchen in gleichmäßiger, bürstiger, beim Wiesenfuchsschwanz in klumpiger Anordnung erscheinen. Ausschlaggebend für systematische Zwecke ist die Begrannung. Alopecurus ist begrannt, Phleum unbegrannt. Dabei darf nicht außer acht gelassen werden, daß Phleum durch seine grannenartigen Zuspitzungen der Ährchenspelzen eine Begrannung vortäuschen kann (Abb. 59/60). Phleum böhmeri hat als Wiesengras gar keine Bedeutung, als Weidegras nur eine sehr geringe. Es sucht sonniges, hügeliges Gelände auf und wird hier jedenfalls mit Fuchsschwanz verwechselt, dem es im übrigen dadurch gleicht, daß es eine rispige Scheinähre ausbildet. Über den Finger gebogene Blütenstände lassen also Zusammenballungen von Ährchen zutage treten. *Böhmers* Lieschgras wird von Tylenchus phalaridis befallen, der die Ährchen in längliche, lanzettliche, weinrote Gallen umwandelt.

Phragmites. Schilfrohr.

Gute Arten	Von minderem oder umstrittenem Werte	Ungräser
—	Communis.	—

Phragmites, das gewöhnliche *Schilfrohr*, ist durch seinen Standort am fließenden oder im stehenden Wasser, seinen bis zu 2,5 m aufreichenden Wuchs, seinen 5—8 mm starken Halm, seine bis 3,4 cm breiten, platten, einseitwendigen Blätter und nicht zuletzt durch den aufrechtstehenden erst bei der Reife etwas einseitig überhängenden, dichtbuschigen, rötlichbraunen Blütenstand gut gekennzeichnet. Der Blütenstand besteht aus einer ausgeprägten Rispe, weicht aber von allen anderen echten Gräserrispen dadurch ab, daß die Abästungen nicht in deutlich hervortretenden Stufen, sondern ganz willkürlich, oft nur 2—3 mm voneinander erfolgt sind. Die Rispe erhält dadurch einen unregelmäßigen Aufbau in sich, behält aber dabei die Pyramidenform. Die Länge des Blütenstandes ist eine verhältnismäßig geringe, denn sie geht selbst bei gut ausgebildeten Pflanzen nicht wesentlich über 40 cm hinaus. Ungewöhnlich zahlreich sind die Ährchen. Selbst bei schwach ausgebildeten Pflanzen wird die Ziffer 1200 überschritten. Allerdings gelangen nicht alle Ährchen zu voller Ausbildung. Annähernd die Hälfte bleibt vollkommen taub. Die Ährchen sind von überaus schlanker Gestalt (Abb. 61). Bei der Reife lassen sie eine große Menge steifer weißer Haare hervortreten, wodurch dann der Blütenstand ein wolliges Aussehen bekommt. Ein besonderes Kennzeichen besitzt Phalaris noch darin, daß bei ihm die unteren Blätter des Blatthäutchens gänzlich entbehren und letzteres bei den oberen durch einen Kranz von Haaren ersetzt ist.

Abb. 61. Ährchen von Phragmites communis.

Der landwirtschaftliche Wert des Schilfrohres ist ein geringer. Jung geschnitten sollen die Blätter für Pferde ein brauchbares Futter bilden. In stroharmen Jahren findet es wohl auch notgedrungen Verwendung als Stalleinstreu.

Muster einer gut ausgebildeten Pflanze*

Stufe		Ährchen	
Stufe	41	1	Ährchen.
		1	„
„	40	1	„
„	39	1	„
		1	„
„	38	1	„
„	37	2	„
„	36	3	„
		2	„
„	35	3	„
		4	„
„	34	4	„
„	33	7 r	„
		4	„
		4	„
		8 r	„
„	32	14 r	„
		2	„
		7 r	„
		7 r	„
„	31	7 r	„
		3	„
		8 r	„
„	30	9 r	„
		4	„
		8 r	„
„	29	12 r	„
„	28	8 r	„
„	27	9 r	„
„	26	17 r	„
„	25	13 r	„
„	24	12 r	„
„	23	16 r	„
		5	„
		5	„
		15 r	„
„	22	18 r	„
„	21	17 r	„
„	20	25 r	„
„	19	9 r	„
„	19	16 r	„
„		9 r	„
„	18	17 r	„
„	17	34 r	„
		4	„
		11 r	
„	16	28 r	„

Stufe		Ährchen	
		8 r	Ährchen
		23 r	„
„	15	27 r	„
Stufe	14	31 r	„
		10 r	„
		11 r	„
„	13	22 r	„
„	12	33 r	„
„	11	39 r	„
		11 r	„
„	10	27 r	„
„	9	44 r	„
		17 r	„
„	8	43 r	„
„	7	56 r	„
		17 r	„
		25 r	„
		47 r	„
„	6	51 r	„
		21 r	„
„	5	56 r	„
		22 r	„
		26 r	„
		63 r	„
„	4	64 r	„
		31 r	„
		32 r	„
		77 r	„
		81 r	„
„	3	90 r	„
		5	„
		15 r	„
		18 r	„
		26 r	„
		27 r	„
		57 r	„
„	2	59 r	„
		3	„
		4	„
		8 r	„
		17 r	„
		19 r	„
		20 r	„
		33 r	„
		41 r	„
		87 r	„
„	1	95 r	„

Zahl der Stufen: 41, der Äste: 94, der Ährchen: 2044, der einfachen Trauben: 6, der Doppeltrauben: 17, der echten Rispen: 71.

* Der zur Verfügung stehende Raum gestattet nur eine Darstellung durch Zahlen.

Poa. Rispengras.

Gute Arten	Von minderem oder umstrittenem Werte	Ungräser
Pratensis	Annua	—
Trivialis	Compressa	
	Bulbosa	
	Nemoralis	
	Palustris.	

Die Gattung Poa führt zu Recht den deutschen Namen Rispengras, denn in ihren Vertretern ist die *echte Rispe* zur Verkörperung gelangt. Einzelne Formen, so Poa annua, lassen zwar die rispige Ausbildung des Blütenstandes etwas zurücktreten und Poa nemoralis var. firmula läßt sie sogar fast ganz vermissen, im Allgemeinen bleibt aber die Tracht der echten Rispe bei den am häufigsten in die Erscheinung tretenden Poaarten nemoralis, palustris (serotina), pratensis, trivialis gewahrt. Weitere botanische Kennzeichen für Poa sind Ährchen von höchstens 4 mm Länge, eine Ährchenspelze, welche kürzer als das Ährchen ist, Kielung der Spelzen (im Gegensatz zu Bromus, Festuca und Glyceria spectabilis), Grannenlosigkeit (im Gegensatz zu Aira und Agrostis spica venti), das Vorhandensein von mindestens 2, öfter aber mehr Blütchen im Ährchen (Gegensatz zu Agrostis), und 2 helle Linien (Gelenkzellenstreifen) neben der Mittelrippe des Blattes. Eine weitere Eigentümlichkeit der Poagräser ist die geringe Anzahl von Einzelährchen und ihre dichte Zusammendrängung an der Spitze des Blütenstandes (Gegensatz zu Festuca) und die geringe Wuchshöhe. Für den landwirtschaftlichen Betrieb besitzen in Deutschland nur Bedeutung die Arten annua, nemoralis, pratensis, trivialis und in manchen Gegenden auch noch compressa und palustris (serotina). Poa pratensis und P. trivialis zählen zu den besten Wiesengräsern.

Poa annua, das jährige Rispengras, wird hinsichtlich seines landwirtschaftlichen Gebrauchswertes sehr verschieden eingeschätzt. *Strecker* erblickt in ihm, weil es unempfindlich gegen Kälte und Dürre ist, ein gutes Gras für Dauerweiden, während *Raum* in ihm nichts anderes als ein Unkraut sieht. Die Erfahrung hat gelehrt, daß sich Poa annua gern an Orten einstellt, woselbst es nicht erwünscht ist, daß seine Beseitigung Schwierigkeiten bereitet und daß es als Wiesengras kaum in Betracht kommt, Umstände, welche es dem Ungrase nahe bringen. Abgesehen von seiner Kleinheit — es wird nur selten über 30 cm hoch — unterscheidet sich annua von den übrigen Poaarten allein schon durch den Bau seines Blütenstandes, indem dieser im Höchstfalle 2, häufig aber auch nur 1 Abästung je Stufe aufweist. Die Länge der Rispe beträgt äußerstenfalls 9,3, im Mittel 5,44 cm. Im übrigen wurden ermittelt

Stufenzahl 6—11 (vorwiegend 8 und 9, nämlich 70%).
Ästezahl 6—18 (vorwiegend 8—12, nämlich 84%).
Ährchenzahl 12—64 (durchschnittlich 25).
Zahl der Einzelährchen zumeist 3 oder 4.

An den Ästen fanden sich vor:

Einfache Traube	34,7%
Doppeltraube	45,5%
Echte Rispe	19,8%.

Muster einer gut ausgebildeten Pflanze

Stufe	11	o	1	Ährchen
„	10	o	1	„
„	9	o	1	„
„	8	o	1	„
		o	1	„
„	7	oo	2	„
		oo	2	„
„	6	ooo	3	„
		ooo	3	„
„	5	ooooo	5	„
		ooo	3	„
„	4	ooooo	5	„
		ooooo r	5	„
„	3	ooooooo r	7	„
		ooo	3	„
„	2	oooooooo r	8	„
		ooooo r	5	„
„	1	oooooooo r	8	„

Zahl der Stufen: 11.
„ „ Abästungen: 18.
„ „ Ährchen: 64.
Äste mit einfacher Traube: 5.
„ „ Doppeltraube: 8.
„ „ echter Rispe: 5.

Muster einer schwach ausgebildeten Pflanze

Stufe	7	o	1	Ährchen.
„	6	o	1	„
„	5	o	1	„
„	4	oo	2	„
„	3	oo	2	„
„	2	ooo	3	„
„	1	oooo r	4	„

Zahl der Stufen: 7.
„ „ Abästungen: 7.
„ „ Ährchen: 14.
Äste mit einfacher Traube: 3.
„ „ Doppeltraube: 3.
„ „ echter Rispe: 1.

Poa compressa, das breithalmige Rispengras, besitzt einen sehr bescheidenen Nutzungswert für den Landwirt, weil es hartes, dem gemeinen und dem Wiesenrispengras unterlegenes Futter liefert und überhaupt nur für sandige, steinige Böden, felsige Abhänge und dürre Triften in Betracht kommt. Andererseits darf es aber auch nicht als regelrechtes Ungras angesprochen werden, da es den Feldern und Wiesen ferne bleibt. Der Blütenstand bildet infolge des spindelnahen Ährchenansatzes eine *Rispe* von mehr walziger als pyramidaler Tracht: Die Länge der Rispe ist eine geringe, sie erreicht bestenfalls ein Ausmaß von 6,5 cm. An 31 Pflanzen wurden ermittelt

Zahl der Stufen: 9—13.
„ „ Äste: 14—27.
„ „ Ährchen: 26—113.

Von den insgesamt 628 Ästen waren besetzt mit

Zahl der einfachen Trauben:	189 = 30,1%.
„ „ Doppeltrauben:	261 = 41,6%.
„ „ echten Rispen:	178 = 28,3%.

Die durchschnittliche Ästezahl betrug 28. *Strecker* führt als beson deres Kennzeichen des Grases die Zweiästigkeit an. Dem kann nu bedingt zugestimmt werden, denn an den untersuchten 31 Pflanzei wurden neben 184 Stufen mit je 2 Ästen 36 mit je 3 oder 4 und 1 Stufı mit 5 Ästen ermittelt. Die Zweiästigkeit kommt im allgemeinen nu den etwas schwach ausgebildeten Pflanzen zu, wie auch das weite unten angeführte Muster ausweist. Einen verhältnismäßig bequemeı und zuverlässigen Erkennungsanhalt bildet immer noch der etwas brei gedrückte, am Grunde gekniete Halm.

Muster einer gut ausgebildeten Pflanze

Stufe	Äste	Ährchen	
Stufe 13	o	1	Ährchen
„ 12	o	1	„
„ 11	o	1	„
„ 10	o	1	„
	o	1	„
„ 9	o	1	„
„ 8	ooo	3	„
„ 7	oooo	4	„
	ooo	3	„
„ 6	ooooo	5	„
	oooo	4	„
„ 5	ooooooo	7	„
„ 4	oooooooooo oooooo r	16	„
	ooooo	5	„
„ 3	oooooooooo ooooo r	15	„
	ooo	3	„
	ooooo	5	„
„ 2	oooooooooo ooo r	13	„
	ooooo	5	„
	oooooo	6	„
„ 1	oooooooooo ooooo r	15	„

Zahl der Stufen: 13.
„ „ Äste: 21.
„ „ Ährchen: 113.
Äste mit einfachen Trauben: 6.
„ „ Doppeltrauben: 17.
„ „ echter Rispe: 4.

Muster einer schwach ausgebildeten Pflanze

Stufe	Äste	Ährchen	
Stufe 9	o	1	Ährchen.
„ 8	o	1	„
„ 7	o	1	„
	o	1	„
„ 6	o	1	„
	o	1	„
„ 5	oo	2	„
	oo	2	„
„ 4	ooo	3	„
	oo	2	„
„ 3	ooooo	5	„
	ooo	2	„
„ 2	ooooo	5	„
	ooo	3	„
„ 1	ooooo	5	„

Zahl der Stufen: 9.
„ „ Äste: 15.
„ „ Ährchen: 36.
Äste mit einfachen Trauben: 6.
„ „ Doppeltrauben: 9.
„ „ echter Rispe: 0.

Poa nemoralis, das Hainrispengras, gehört zu den Gräsern, deren zutreffende Erkennung mit Schwierigkeiten verbunden ist. Anlaß dazu bildet die stark ausgeprägte Neigung zum Abändern. *Hallier* führt in seiner Flora von Deutschland zwar nur 3 Abarten, vulgaris, firmula und rigidula auf, in der neuen Flora von *Hegi* werden aber schon 12 Abarten vorgeführt und *Hain* zählt in seiner Gräserflora von Nord und Mitteldeutschland nicht weniger als 50 Synomyma auf. In den Hilfsbüchern werden als Erkennungsmerkmale herangezogen die Zahl der jestufigen Abästungen, das Blatthäutchen und die Länge der Blattscheide. Die untersten Rispenäste sind nach *Strecker* nie einzeln oder zu zweien vorhanden, sondern meist zu 5. Auch *Wagner*, *Leunis*, *Hain* schreiben dem Hainrispengras 5 Abästungen zu während *Hallier* für Poa nemoralis 2—5 Äste angibt und *Hegi* eine Musterpflanze abbildet, welche nur 3 Äste aufweist. Das weitere Kennzeichen: abgestutztes oder gänzlich fehlendes Blatthäutchen kehrt bei allen Systematikern wieder. Für sich allein reicht es indessen aber nicht aus, denn auch Poa compressa und P. pratensis entbehren eines solchen. Die Blattscheide ist so kurz, daß sie den nächstfolgenden Halmknoten nicht bedeckt. Weitere Anhalte sind die langen, schmalen Blätter, welche dem Grase ein überaus zierliches Ansehen verleihen und die vom Poaüblichen abweichende Form des Blütenstandes. Das Pyramidale, wie es der Blütenstand von Poa pratensis und P. trivialis zeigt, ist hier vollständig verlorengegangen und hat einem an das Traubige erinnernden Gebilde Platz gemacht. Das Rispige tritt stark zurück. Bei 90 Pflanzen mit 1365 Abästungen waren nur 62 Äste rispig ausgebildet. Die Besetzung der Äste mit Ährchen ist eine spärliche. Von den 1365 Abästungen trugen

Abb. 62. Poa nemoralis. Ährchenspelzen.

593	Äste	nur	1	Ährchen
345	„	„	2	„
209	„	„	3	„
218	„	„	4—11	Ährchen.

Zwischen den untersuchten, ohne Auswahl von einer etwa 100 qm großen Waldstelle entnommenen 90 Pflanzen befanden sich auch 3, welche nur 4 Äste mit je einem Ährchen aufwiesen, vollkommen in ihrem Blütenstande der einfachen Traube entsprachen, also der subvar. tenella von Poa vulgaris einzureihen sind. Derartige Pflanzen erinnern vollkommen an Melica uniflora, sind vermutlich auch nichts anderes als eine Kreuzung zwischen dem einblütigen Perlgras und dem Hainrispen gras. Der Blütenstand von Poa nemoralis und seiner Abarten ist verhältnismäßig arm an Ährchen. Bei sehr gut ausgebildeten Pflanzen wurde die Zahl 119, bei schwächlichen Pflanzen von nur 4 erreicht.

Für den Landwirt sind zur Erkennung des Hainrispengrases heranzuziehen neben den allgemeinen Kennzeichen für Poa der Standort im lichten Walde, die zierliche Tracht und der Mangel eines Blatthäutchens.

Der landwirtschaftliche Gebrauchswert wird sehr verschiedenartig beurteilt. Nach *Langethal* gibt es auf leichten Böden zusammen mit Poa pratensis ein brauchbares Weidegras. Auch *Hain* bezeichnet es als Gras, welches für den Landwirt hohen Wert hat. Für sich allein dürfte es doch aber bei seiner Beschränkung auf den leichten Boden, bei seiner geringen Körpermasse und seiner Abneigung zur Bildung dichter Rasen wohl kaum einen begehrenswerten Lieferanten von Futtergras bilden.

Die im nachstehenden wiedergegebenen Muster sind mit einiger Vorsicht aufzunehmen.

Muster von Poa nemoralis var. vulgaris, gut ausgebildete Pflanze

Stufe			
Stufe 13	o	1	Ährchen
„ 12	o	1	„
„ 11	o	1	„
„ 10	o	1	„
	o	1	„
„ 9	o	1	„
	o	1	„
„ 8	ooo	3	„
	oo	2	„
„ 7	ooo	3	„
	ooo	3	„
„ 6	oooo	4	„
	o	1	„
	ooo	3	„
„ 5	ooooooo	7	„
	o	1	„
	oo	2	„
	ooo	3	„
	oooo	4	„
„ 4	oooooo	6	„
	o	1	„
	oo	2	„
	ooo	3	„
	oooo	4	„
„ 3	oooooooo	8	„
	oo	2	„
	oo	2	„
	oo	2	„
	oooo	4	„
„ 2	oooooo	6	„
	o	1	„
	oo	2	„
	ooo	3	„
	oooo	4	„
„ 1	oooooo	6	„

Zahl der Stufen: 13.
„ „ Äste: 35.
„ „ Ährchen: 99.
Äste mit einfacher Traube: 11.
„ „ Doppeltraube: 23.
„ „ echter Rispe: 1.

Poa nemoralis var. tenella.

Gut ausgebildete Pflanze

Stufe 10	o	1	Ährchen
„ 9	o	1	„
„ 8	o	1	„
	o	1	„
„ 7	o	1	„
	o	1	„
„ 6	oo	2	„
	oo	2	„
„ 5	oo	2	„
	oo	2	„
„ 4	ooo	3	„
	o	1	„
	oo	2	„
„ 3	oooo	4	„
	o	1	„
	oo	2	„
„ 2	ooooo	5	„
	oo	2	„
„ 1	oooo	4	„

Zahl der Stufen: 10.
„ „ Äste: 19.
„ „ Ährchen: 38.
„ „ einfachen Trauben: 8.
„ „ Doppeltrauben: 11.
„ „ echten Rispen: 0.

Schwach ausgebildete Pflanze

Stufe 5	o	1	Ährchen
„ 4	o	1	„
	o	1	„
„ 3	o	1	„
	o	1	„
„ 2	oo	2	„
	oo	2	„
„ 1	oo	2	„

Zahl der Stufen: 5.
„ „ Äste: 8.
„ „ Ährchen:11 .
„ „ einfachen Trauben: 5.
„ „ Doppeltrauben: 6.
„ „ echten Rispen: 0.

Muster einer Poa nemoralis var. vulgaris subvar. uniflora Mert. u. Koch.

Stufe 4	o	1	Ährchen
„ 3	o	1	„
„ 2	o	1	„
„ 1	o	1	„

Zahl der Stufen: 4.
„ „ Äste: 4.
„ „ Ährchen: 4.
Äste mit einfachen Trauben: 4.
„ „ Doppeltrauben: 0.
„ „ echten Rispen: 0.

Poa palustris, das Sumpfrispengras, in den Lehrbüchern vielfach auch als P. fertilis (reichblütiges) und serotina (spätblühendes) angeführt, gehört der Gruppe von Poaarten an, welche auf den unteren Stufen immer mehr als 2 mindestens 3, in seltenen Fällen bis zu 6 Zweige aus der Spindel entlassen und innerhalb dieser wieder zu denen, welche ein zungenförmiges Blatthäutchen aufweisen. In seiner Gesamttracht hat es Ähnlichkeit mit dem gemeinen Rispengras Poa trivialis wie auch mit dem Hainrispengras Poa nemoralis. Im Gegensatz zu trivialis besitzt aber palustris keine rauhe Blattscheide. Von dem mit einem ringförmigen Blatthäutchen versehenen nemoralis ist es durch das zungenförmige Blatthäutchen unterschieden.

Muster einer gut ausgebildeten Pflanze

Blütenstandslänge: 11,4 cm.

Stufe 1: 2,8 cm.
„ 2: 2,1 cm.
„ 3: 1,6 cm.

Stufe 12	o	1	Ährchen
„ 11	o	1	„
„ 10	o	1	„
„ 9	o	1	„
	o	1	„
„ 8	o	1	„
	o	1	„
„ 7	oo	2	„
	oo	2	„
„ 6	oooo	4	„
	o	1	„
	ooo	3	„
„ 5	ooooo	5	„
	o	1	„
	o	1	„
	o	1	„
	ooo	3	„
	oooo	4	„
„ 4	oooooo	6	„
	o	1	„
	oo	2	„
	oo	2	„
	oooo	4	„
	oooooo	6	„
„ 3	ooooooooo r	9	„
	oo	2	„
	oo	2	„
	ooo	3	„
	ooo	3	„
	ooooooo r	7	„
„ 2	oooooooo r	8	„
	o	1	„
	oo	2	„
	oo	2	„
	ooo	3	„
	ooooo	5	„
„ 1	ooooooooo r	9	„

Zahl der Stufen: 12.
„ „ Äste: 37.
„ „ Ährchen: 111.
Äste mit einfachen Trauben: 13.
„ „ Doppeltrauben: 20.
„ „ echten Rispen: 4.

Muster einer schwach ausgebildeten Pflanze

Blütenstandslänge: 8,2 cm.

Stufe 1: 2,2 cm.
„ 2: 1,8 cm.
„ 3: 1,4 cm.

Stufe 8	o	1	Ährchen
„ 7	o	1	„
	o	1	„
„ 6	o	1	„
	o	1	„
„ 5	o	1	„
	o	1	„
„ 4	ooo	3	„
	o	1	„
	oo	2	„
„ 3	oo	2	„
	oo	2	„
	ooo	3	„
„ 2	ooo	3	„
	oo	2	„
	ooo	3	„
„ 1	ooooo	5	„

Zahl der Stufen: 8.
„ „ Äste: 17.
„ „ Ährchen: 33.
Äste mit einfachen Trauben: 8.
„ „ Doppeltrauben: 9.
„ „ echten Rispen: 0.

Manche Systematiker, wie *Hain* und auch *Wagner*, erblicken in dem Sumpfrispengras lediglich eine Abart von nemoralis. Poa fertilis muß auf Grund seines weiter unten dargestellten Blütenstandes als eine selbständige Art angesprochen werden. Poa palustris bedarf zum guten Gedeihen andauernd feuchter Lagen. Hier leistet es wertvolle Dienste für die Sicherstellung eines reichlichen 2. Schnittes.

Der Blütenstand enthält zwar rispige Bestandteile, im ganzen herrscht aber doch die Doppeltraube vor. An 10 Pflanzen wurden ermittelt:

Zahl der Stufen: 8—13.
„ „ Äste: 17—33.
„ „ Ährchen: 33—111.
Blütenstandslänge: 8,2—11,4 cm.

Von 274 Ästen waren besetzt mit:
Einfachen Trauben: 97.
Doppeltrauben: 167.
Echten Rispen: 10.

Die Höchstzahl der Abästungen auf einer Stufe betrug: 6.

Am längsten Ast der untersten Stufe gelangten zur Ausbildung: 9 Ährchen.

Die Einzelährchen am Blütenstandsende lassen ziemlich weite Zwischenräume unter sich bestehen, ganz im Gegensatz zu Poa pratensis und P. trivialis.

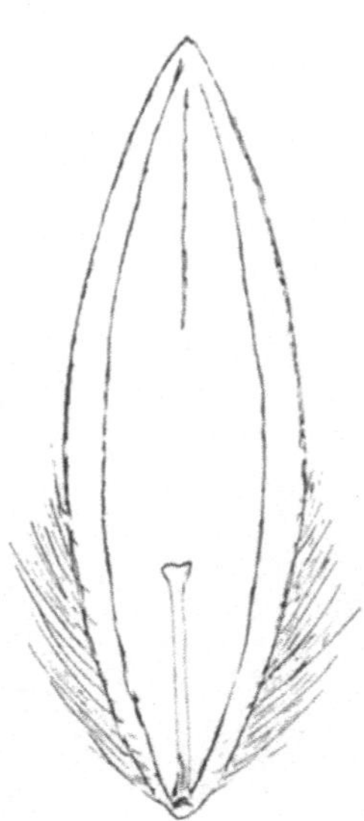

Abb. 63. Blütenspelze von Poa palustris, dabei Ährchenspindelstück für ein weiteres Blütchen.

Poa fertilis Host., das von *Wagner* als Abart zu Poa nemoralis gestellte, von *Wünsche, Hain, Leunis* als synonym mit Poa palustris angesprochene, von *Hegi* unter die Abarten von Poa palustris gestellte reichblütige Sumpfgras unterscheidet sich in zweierlei Hinsicht durchgreifend von Poa palustris. Einmal durch die große, gelegentlich die Ziffer 14 erreichende Anzahl der Abästungen auf den unteren Stufen und sodann durch die reichere Besetzung der Äste mit Ährchen. Im Einzelnen wurde bei 5 Pflanzen das nachstehende festgestellt:

Zahl der Stufen: 15—16.
„ „ Äste: 46—66.
„ „ Ährchen: 191—370.
Blütenstandslänge: 17,3—20,4 cm.
Gesamtzahl der Äste: 281.
Davon mit einfachen Trauben: 72.
„ „ Doppeltrauben: 150.
„ „ echten Rispen: 59.

Der längste Ast der untersten Stufe mit 25 Ährchen.

Der Blütenstand weicht im Bau derartig erheblich von P. palustris ab, daß P. fertilis als selbständige Art angesehen werden muß. Vermutlich ist das Gras aus Agrostis — darauf deutet die Vielästigkeit der unteren Stufen hin — und Poa trivialis — das zungenförmige Blatthäutchen — hervorgegangen.

Muster einer gut ausgebildeten Pflanze

Länge des Blütenstandes: 20,4 cm.
Stufe 1: 4,0 cm.
„ 2: 3,0 cm.
„ 3: 1,9 cm.

Stufe	16	o	1	Ährchen.
„	15	o	1	„
„	14	o	1	„
„	13	o	1	„
		o	1	„
„	12	o	1	„
		o	1	„
„	11	oo	2	„
		o	1	„
„	10	ooo	3	„
		oo	2	„
„	9	ooooo	5	„
		o	1	„
		ooo	3	„
„	8	ooooooo	7	„
		o	1	„
		oooo	4	„
„	7	ooooooooo	9	„
		oo	2	„
		ooo	3	„
		oooo	4	„
		oooooo	6	„
„	6	oooooooooo o r	11	„
		ooo	3	„
		oooo	4	„
		oooooo	6	„
		ooooooooo r	9	„
„	5	oooooooooo oooooo r	16	„
		o	1	„
		o	1	„
		oooo	4	„
		ooooo	5	„
		ooooooooo r	9	„
		ooooooooo r	9	„
„	4	oooooooooo ooooooooo r	19	„

	o	1 Ährchen
	oo	2 „
	ooo	3 „
	ooooo	5 „
	oooooooooo ooo r	13 „
	oooooooooo oooo r	14 „
Stufe 3	oooooooooo oooooooooo ooooo r	25 „
	o	1 „
	oo	2 „
	ooo	3 „
	oooo	4 „
	oooo	4 „
	ooooooo	7 „
	oooooooo r	8 „
	oooooooooo ooo r	13 „
	oooooooooo ooooooooo r	19 „
„ 2	oooooooooo oooooooooo o r	21 „
	o	1 „
	o	1 „
	oo	2 „
	oo	2 „
	oooo	4 „
	oooo	4 „
	ooooo	5 „
	ooooo	5 „
	oooooooo	8 „
	ooooooooo r	9 „
	ooooooooo r	9 „
	oooooooooo oooo r	14 „
	oooooooooo oooooooooo oooo r	24 „
„ 1	oooooooooo oooooooooo oooo r	24 „

Zahl der Stufen: 16.
„ „ Äste: 66.
„ „ Ährchen: 370.

Äste mit einfachen Trauben: 16.
„ „ Doppeltrauben: 32.
„ „ echten Rispen: 18.

Muster einer schwach ausgebildeten Pflanze.

Länge des Blütenstandes: 17,3 cm.
Stufe 1: 3,0 cm.
„ 2: 2,6 cm.
„ 3: 2,0 cm.

Stufe 15	o	1 Ährchen.
„ 14	o	1 „
„ 13	o	1 „
„ 12	o	1 „
	o	1 „
„ 11	o	1 „
	o	1 „
„ 10	oo	2 „
	o	1 „
„ 9	ooo	3 „

		ooo	3	Ährchen
Stufe	8	oooooo	6	„
		oooo	4	„
„	7	ooooooo	7	„
		oo	2	„
		oooo	4	„
„	6	ooooooooo r	9	„
		o	1	„
		oo	2	„
		ooo	3	„
		ooo	3	„
		oooooo	6	„
„	5	oooooooooo o r	11	„
		ooo	3	„
		ooooo	5	„
		ooooo	5	„
		ooooooo r	7	„
„	4	oooooooooo oo r	12	„
		o	1	„
		oo	2	„
		ooo	3	„
		oooo	4	„
		ooooooooo r	9	„
„	3	oooooooooo oooooo r	16	„
		o	1	„
		oo	2	„
		ooo	3	„
		oooo	4	„
		ooooo	5	„
„	2	oooooooooo oooooo r	16	„
		o	1	„
		o	1	„
		oo	2	„
		oo	2	„
		ooo	3	„
„	1	oooooooooo oo r	12	„

Zahl der Stufen: 15.
„ „ Äste: 46.
„ „ Ährchen: 191.

Äste mit einfachen Trauben: 13.
„ „ Doppeltrauben: 25.
„ „ echten Rispen: 8.

Poa pratensis, das Wiesenrispengras, eines der besten Futtergräser, ist durch seinen eine gedrungene, wohlgeformte Pyramide aus ziemlich groben Ährchen darstellenden Blütenstand und durch die — bei vollkommener Ausbildung — eigenartige Anordnung der Seitenäste auf den unteren Stufen gut gekennzeichnet. Die Zahl der Seitenäste beträgt am Grunde (4 oder) 5, wobei die Anordnung dem nachstehenden Muster folgt.

Das kürzeste Ästepaar pflegt dabei nicht rispig zu sein. Eine Überschreitung der Zahl 5 findet im allgemeinen nicht statt. Die Abästungen erfolgen zwar einseitig, dabei aber auf den einzelnen Stufen wechselständig, so daß die Rispenpyramide nach allen Seiten hin ausgeglichen ist. Während der Blütezeit stehen die Äste wagrecht von der Spindel

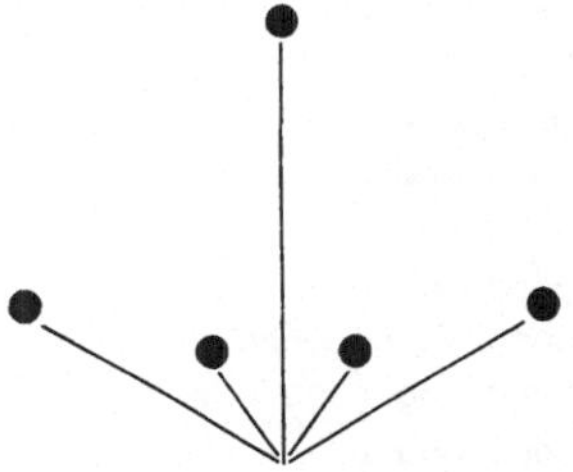

ab. Verwechslungen von Poa pratensis mit Poa trivialis liegen im Bereich der Möglichkeit. Die Auseinanderhaltung kann mit Hilfe der nachfolgenden Merkmale erfolgen.

Pratensis	Trivialis
Läßt sich nur schwer ausrupfen.	Leichtes Ausrupfen.
Wurzelstock mit Ausläufern.	Nur oberirdische Ausläufer.
Rispe gedrungen grob.	Rispe locker, etwas zierlicher.
Gesamtährchenzahl ziemlich gering.	Gesamtährchenzahl erheblich.
Blatthäutchen ein Ring.	*Blatthäutchen eine Zunge.*
Caryopse beiderseitig zugespitzt und Bauchseite schwach konkav.	Caryopse beiderends abgerundet und Bauchseite mit tiefer Furche.
Seitentriebe extra und intravaginal.	Seitentriebe nur extravaginal.

Im westlichen Süddeutschland tritt das Wiesenrispengras als Ungras in der Luzerne auf.

Gut ausgebildete Pflanze von Poa pratensis

Blütenstandslänge: 14 cm.
Stufe 1: 2,6 cm.
„ 2: 2,3 „
„ 3: 1,8 „

Stufe 15	o	1 Ährchen
„ 14	o	1 „
„ 13	o	1 „
„ 12	o	1 „
	o	1 „
„ 11	o	1 „
„ 10	ooo	3 „
„ 9	oooo	4 „
	oo	2 „
„ 8	oooo	4 „
	oooo	4 „
„ 7	oooooo	6 „
	oooooo r	6 „
„ 6	oooooooooo r	10 „

		oooo	4	Ährchen
		ooooooo r	7	„
		oooooooo r	8	„
Stufe	5	oooooooooo r	10	„
		ooooooooo r	9	„
		oooooooooo r	10	„
		oooooooooo o r	11	„
„	4	oooooooooo oooo r	14	„
		oooooooooo r	10	„
		oooooooooo ooooo r	15	„
		oooooooooo oooooooooo r	20	„
„	3	oooooooooo oooooooooo r	20	„
		oooooooooo ooo r	13	„
		oooooooooo oooooooooo r	20	„
		oooooooooo oooooooooo ooooo r	25	„
„	2	oooooooooo oooooooooo oooooooooo o r	31	„
		oooooooooo oo r	12	„
		oooooooooo oo r	12	„
		oooooooooo ooooooooo r	19	„
		oooooooooo oooooooooo o r	21	„
„	1	oooooooooo oooooooooo oooooooooo oooooooooo ooooooo r	47	„

Zahl der Stufen: 15.
„ „ Äste: 35.
„ „ Ährchen: 363.

Zahl der einfachen Trauben: 6.
„ „ Doppeltrauben: 7.
„ „ echten Rispen: 22.

Poa pratensis. Schwach ausgebildete Pflanze

Blütenstandslänge: 8,6 cm.
Stufe 1: 2,1 cm.
„ 2: 1,6 „
„ 3: 1,0 „

Stufe	12	o	1	Ährchen
„	11	o	1	„
„	10	o	1	„
		o	1	„
„	9	o	1	„
„	8	oooo	4	„
„	7	oooo	4	„
		ooo	3	„
„	6	ooooo	5	„
		oooo	4	„
„	5	ooooooooo r	9	„
		oooo	4	„
		ooooo	5	„
„	4	oooooooo r	8	„
		oooo	4	„
		ooooooo r	7	„
„	3	oooooooooo o r	11	„
		oooooo	6	„
		oooooooooo r	10	„
		oooooooooo ooo r	13	„
„	2	oooooooooo oooooooo r	18	„

	ooooooo r	7 Ährchen
	oooooooooo o r	11 „
	oooooooooo ooo r	13 „
Stufe 1	oooooooooo ooooooooo r	19 „

Zahl der Stufen: 12.
„ „ Äste: 25.
„ „ Ährchen: 168.

Zahl der einfachen Trauben: 5.
„ „ Doppeltrauben: 9.
„ „ echten Rispen: 11.

Muster einer gut ausgebildeten Pflanze von Poa trivialis

Blütenstandslänge: 13,0 cm.
Stufe 1: 3,1 cm.
„ 2: 2,3 „
„ 3: 1,1 „

Stufe 15	o	1 Ährchen.
„ 14	o	1 „
„ 13	o	1 „
„ 12	o	1 „
	o	1 „
„ 11	oo	2 „
	o	1 „
„ 10	ooo	3 „
	ooo	3 „
„ 9	ooooo	5 „
	oooo	4 „
	oooooo	6 „
„ 8	oooooo r	6 „
	ooo	3 „
	ooooo	5 „
	oooooooo r	8 „
„ 7	ooooooooo r	9 „
	oooo	4 „
	oooooo	6 „
	oooooo	6 „
	ooooooooo r	9 „
„ 6	oooooooooo ooooooo r	17 „
	oooo	4 „
	oooooo	6 „
	ooooooooo r	9 „
	oooooooooo oo r	12 „
„ 5	oooooooooo oooooo r	16 „
	ooooooooo r	9 „
	oooooooooo ooooo r	15 „
	oooooooooo oooooo r	16 „
„ 4	oooooooooo oooooooooo r	20 „
	ooooooooo r	9 „
	oooooooooo ooo r	13 „
	oooooooooo ooooo r	15 „
	oooooooooo ooooooooo r	19 „
„ 3	oooooooooo oooooooooo oooooo r	26 „

Stufe			
	ooooo	5	Ährchen
	oooooooooo o r	11	„
	oooooooooo ooooooo r	17	„
	oooooooooo oooooooooo oooo r	24	„
Stufe 2	oooooooooo oooooooooo oooooooooo ooooo r	35	„
	ooooooooo r	9	„
	oooooooooo oooo r	14	„
	oooooooooo ooooooo r	17	„
	oooooooooo oooooooooo r	20	„
	oooooooooo oooooooooo oooooooo r	28	„
„ 1	oooooooooo oooooooooo oooooooooo oooooo r	36	„

Zahl der Stufen: 15.
„ „ Äste: 47.
„ „ Ährchen: 508.

Äste mit einfachen Trauben: 6.
„ „ Doppeltrauben: 14.
„ „ echten Rispen: 27.

Poa trivialis. Muster einer schwach ausgebildeten Pflanze:

Blütenstandslänge: 8,5 cm.
Stufe 1: 2,4 cm.
„ 2: 1,5 „
„ 3: 1,1 „

Stufe			
Stufe 12	o	1	Ährchen.
„ 11	o	1	„
„ 10	o	1	„
	o	1	„
„ 9	o	1	„
	o	1	„
„ 8	ooo	3	„
	ooo	3	„
„ 7	ooooo r	5	„
	o	1	„
	ooo	3	„
	ooo	3	„
„ 6	ooooo	5	„
	ooo	3	„
	ooooo	5	„
	oooooo	6	„
„ 5	oooooooo r	8	„
	ooo	3	„
	ooooo	5	„
	ooooo	5	„
	ooooooo r	7	„
„ 4	oooooooooo r	10	„
	oooo	4	„
	oooooo	6	„
	oooooo	6	„
	ooooooooo r	9	„
„ 3	oooooooooo oo r	12	„

	ooooo	5	Ährchen
	oooooo	6	„
	ooooooooo r	9	„
	oooooooooo ooo r	13	„
Stufe 2	oooooooooo ooooooo r	18	„
	ooo	3	„
	oooooo	6	„
	ooooooooo r	9	„
	oooooooooo oooo r	14	„
„ 1	oooooooooo ooooooo r	18	„

Zahl der Stufen: 12.	Äste mit einfachen Trauben: 7.
„ „ Äste: 37.	„ „ Doppeltrauben: 18.
„ „ Ährchen: 217.	„ „ echten Rispen: 12.

Sesleria. Kopfgras. Seslergras. Berggras.

Gute Arten	Von minderem oder umstrittenem Werte	Ungräser
—	Coerulea.	—

Das Seslergras ist durch seinen niedrig bleibenden Wuchs, durch die Eigenart seines Blütenstandes, durch die typische Beblätterung (Abb. 64), durch seine Ansprüche an den Standort und schließlich auch noch durch die Zeit seines Blühens sehr gut gekennzeichnet. Das Gras bildet niedrige, gewöhnlich die Höhe von 30 cm nicht überschreitende Horste, niemals geschlossene Rasen. Der Blütenstand ist eine *einfache Scheinähre* traubiger Herkunft. Sie erinnert in ihrer Aufmachung an die des Geruchgrases ist aber etwas kürzer. Beim Biegen über den Finger lassen sich noch Stufen erkennen. Die unteren von ihnen bestehen aus 2 oder 3 Ährchen, von denen immer eines etwas länger gestielt ist als die anderen. Eine besondere Eigentümlichkeit des Seslergrases besteht darin, daß die Ährchen der beiden untersten Stufen noch von einem besonderen kurzen, breiten, muschelförmigen Stützblättchen eingeschlossen werden. Eine ganz eigenartige Beschaffenheit zeigt auch die Beblätterung, indem das unterste Blatt gewöhnlich die nämliche Länge aufweist wie der Stengel, die beiden obersten Blättchen fast bis auf nichts verkürzt sind (Abb. 64).

Abb. 64.
Sesleria coerulea. Ganze Pflanze.

Aus den unteren Knoten bildet das Seslergras Seitenschosse. Es geht noch vor dem Fuchsschwanz in Blüte, wobei es schön schwefelgelbe Staubbeutel zeigt. Hinsichtlich seines Standortes ist das Gras sehr wählerisch. Es fordert Kalkboden. Am besten sagt ihm zu sog. Knatter, ein Gemisch von Kalksteinstücken mit etwas Humusboden. Aber auch unter diesem Boden trifft das Gras noch eine Auswahl. Es siedelt sich nur an unter lichtem Buschwerk oder auf der nördlichen Abdachung von freiem Gelände. Direktem Sonnenlicht geht das Seslergras aus dem Wege.

Für den Landwirt bleibt das Gras ohne Bedeutung. Von bebauten Feldern hält es sich vollkommen fern, für Wiesen und Triften spielt es eine vollkommen untergeordnete Rolle.

Stengellänge in cm	Blattlänge in cm						
	1. Blatt	2. Blatt	3. Blatt	4. Blatt	5. Blatt	6. Blatt	7. Blatt
20,2	14,0	19,6	17,6	13,2	3,5	0,6	0,8
27,0	23,0	21,0	9,0	1,3	1,1	—	—
19,5	24,0	9,5	0,7	0,9	—	—	—
25,5	32,0	16,5	0,9	0,7	—	—	—
29,5	28,5	23,2	1,8	0,7	—	—	—

Setaria. Borstenhirse.

Gute Arten	Von minderem oder umstrittenem Werte	Ungräser
—	—	Glauca Verticillata Viridis.

Die Gattung Setaria, Borstenhirse, Fennich, enthält Kulturformen und wildwachsende Arten. Von den erstgenannten gelangen in Deutschland hier und da S. germanica und S. italica zum Anbau, ohne aber Bedeutung zu erlangen, unter den letztgenannten besitzen S. glauca, S. verticillata und S. viridis eine allgemeine Verbreitung. Die Borstenhirsengräser sind gut gekennzeichnet durch ihren eine *einfache Scheinähre* bildenden Blütenstand und durch die unterhalb der Ährchen aus dem kurzen Ährchenstiel entspringenden, aufwärts gerichteten, ziemlich langen Borsten (Abb. 65). Letztere verleihen dem Blütenstand das Ansehen einer Flaschenbürste. Die Ährchen sind einblütig.

Setaria glauca, der Gelbborstenfennich, ist erkennbar an der vollkommen *walzig* geformten *traubigen* Scheinähre, außerdem an den gelblichen Borsten mit aufwärts gerichteten Zähnchen und an der quergerunzelten äußeren Blütenspelze (Abb. 65). Die Zahl der Börstchen pflegt 5—7 zu betragen. Auch im trockenen Zustand bleibt die Scheinähre vollkommen geschlossen. Wenn S. glauca im Getreide zur Entwicklung kommt, dann nimmt sie Kümmerform an, bleibt aber an den quergerunzelten Blütenspelzen noch gut erkennbar.

Setaria verticillata, der Quirlährchenfennich, auch Klettengras genannt, hat als Blütenstand eine vom Grunde her nach der Spitze zu sich um ein weniges verjüngende *einfache Scheinähre rispigen* Ursprunges (Abb. 66). Über den Finger gebogen läßt der Blütenstand Teile der Spindel sichtbar werden. Das gleiche geschieht, wenn das Gras in den Reifezustand eintritt. Die Ährchenbüschel sind quirlig um die Spindel angeordnet. Ein weiteres Kennzeichen besteht in der *abwärts* gerichteten Bezahnung der Borsten, deren Anzahl übrigens gewöhnlich über 2 nicht hinaus geht. Bei 31 Pflanzen schwankte die Blütenstandslänge zwischen 3,2 und 11,5 cm. Im Mittel betrug sie 5,7 cm.

Die Art der Bezahnung bringt es mit sich, daß die Scheinähren klettengleich an den Kleidern haftenbleiben. Das Gras treibt

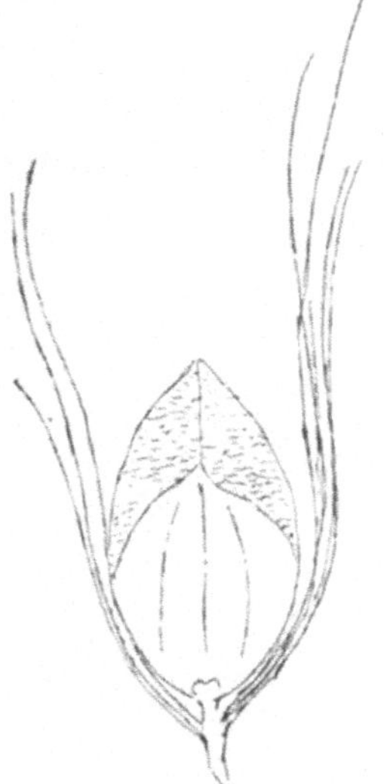

Abb. 65. Setaria glauca. Ein Ährchen mit dem beborsteten Ährchenstiel.

Abb. 66. Setaria verticillata. a) Ein Ästchen aus der Scheinähre. b) Einseitig gekielte Blattscheide.

Abb. 67. Setaria viridis. Blütenstand.

aus den unteren Knoten intravaginale Seitentriebe. Wo solche zur Ausbildung gelangen, sind die Blattscheiden in der aus der Abb. 66 ersichtlichen Weise einseitig eingekielt.

Setaria viridis, der Grünfennich, so benannt, weil sein Blütenstand im Gegensatz zum Gelbfennich grüne Färbung aufweist, hat eine einfache Scheinähre *rispiger* Herkunft, die an beiden Enden etwas *verjüngt* ist (Abb. 67). Die unter jedem Ährchen entspringenden Borsten sind ziemlich zahlreich und mit *aufwärts* gerichteten Zähnchen besetzt. Ein Auseinandersperren der Scheinähre im trockenen Zustande findet nicht statt. Die Länge des Blütenstandes schwankt zwischen 1,5 und 6,7 cm. Im Mittel beträgt sie 3,3 cm.

Die Trennung der 3 Borstenhirsenungräser hat in nachstehender Weise zu erfolgen.

a) Scheinähre an den beiden Enden verjüngt — S. viridis.
aa) Scheinähre walzig.
b) Borsten zu 5—7, aufwärts gezähnt, Blütenspelze gerunzelt — S. glauca.
bb) Borsten zu 2—3, aufwärts gezähnt, Blütenspelze glatt — S. verticillata.

Stipa. Pfriemengras.

Gute Arten	Von minderem oder umstrittenem Werte	Ungräser
—	—	Capillata Pennata.

Die 2 der Gattung Stipa (Stupa) angehörigen Gräser haben beide in Deutschland nur geringe Verbreitung und sind beide ohne jegliche landwirtschaftliche Bedeutung. Als Standort bevorzugen sie sonnige,

Stipa capillata.

Gut ausgebildete Pflanze

Stufe				
Stufe	10	o	1	Ährchen
„	9	o	1	„
		o	1	„
„	8	o	1	„
		o	1	„
		o	1	„
„	7	oo	2	„
		o	1	„
		o	1	„
„	6	oo	2	„
		o	1	„
		oo	2	„
„	5	oooo	4	„
		oo	2	„
		oo	2	„
„	4	ooooo	5	„
		oo	2	„
		oo	2	„
„	3	ooooo	5	„
		o	1	„
		o	1	„
		oo	2	„
		oo	2	„
		oooo	4	„
„	2	oooo	4	„
		o	1	„
		oo	2	„
		oo	2	„
		oo	2	„
		ooooooo r	7	„
„	1	oooooooo r	8	„

Zahl der Stufen: 10.
„ „ Äste: 31.
„ „ Ährchen: 72.
„ „ einfachen Trauben: 12.
„ „ Doppeltrauben: 17.
„ „ echten Rispen: 2.

Schwach ausgebildete Pflanze

Stufe 8	o	1	Ährchen
„ 7	o	1	„
	o	1	„
„ 6	o	1	„
	o	1	„
	o	1	„
„ 5	oo	2	„
	o	1	„
	o	1	„
„ 4	oo	2	„
	o	1	„
	o	1	„
	oo	2	„
„ 3	ooo	3	„
	o	1	„
	oo	2	„
„ 2	ooo	3	„
	o	1	„
	o	1	„
„ 1	oo	2	„

Zahl der Stufen: 8.
„ „ Äste: 20.
„ „ Ährchen 29.
„ „ einfachen Trauben: 13.
„ „ Doppeltrauben: 7.
„ „ echten Rispen: 0.

trockene, felsige Orte. Feld und Wiese werden von ihnen gemieden. Gut erkennbar sind die beiden Pfriemengräser an der ungewöhnlich langen Begrannung, welche die 10fache Länge der Blütenspelzen weit überschreitet. Bei Capillata besteht sie aus einem einfachen Haar, bei Pennata aus einem Haar, welches nach Art einer Vogelfeder mit feinsten Härchen besetzt ist. Mit Eintritt der Reife pflegen sich diese überaus zarten Grannen zopfartig miteinander zu verschlingen. Der verhältnismäßig wenig Ährchen enthaltende Blütenstand besteht aus einem Gemisch von einfacher Traube und Doppeltraube. Der Ansatz der Ährchen ist spindelnahe.

Blütenstandslänge: 21,2—31,1 cm.
Länge der untersten 3 Stufen: 1,3—7,2 cm.
Stufenzahl: 8—10.
Ästezahl: 20—31.
Ährchenzahl: 29—72.

Von 223 Ästen waren besetzt mit:
Einfachen Trauben: 117.
Doppeltrauben: 103.
Echten Rispen: 3.

Triodia. Dreizahn.

Gute Arten	Von minderem oder umstrittenem Werte	Ungräser.
—	—	Decumbens.

Triodia decumbens, der Dreizahn oder Dreizack*, behaftet mit den Synonymen Sieglingia und Danthonia, ist ein allein schon durch

* Benennung nach der mit 3 Zipfeln endenden Blütenspelze (Abb. 68).

seinen Blütenstand ausreichend gekennzeichnetes Gras. Die Artbezeichnung decumbens, sich niederlegend, nimmt Bezug auf das Verhalten der Grundblätter. Der ziemlich kurze, nur selten eine Länge von 60 cm erreichende Halm hat aufrechte Stellung. Die Bauweise des Blütenstandes ist eine außerordentlich einfache. An 50 Pflanzen wurden ermittelt:

Länge des Blütenstandes: 3,2—7,2 cm.

Stufenzahl	4:	13 mal
„	5:	33 „
„	6:	3 „
„	7:	1 „

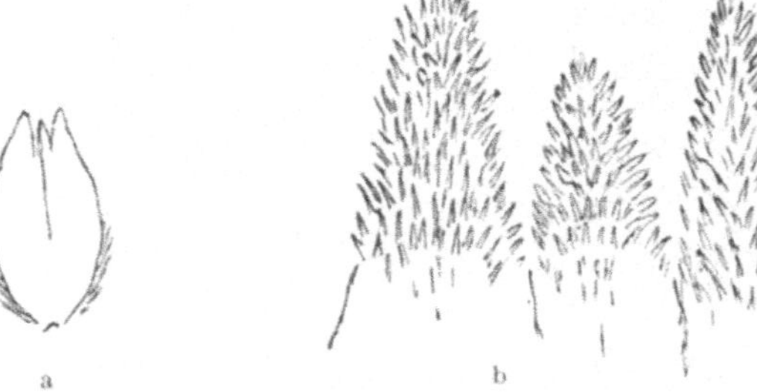

Abb. 68. Triodia decumbens. a) Die dreizipflige Blütenspelze. b) Die drei Zipfel bei starker Vergrößerung.

Auf jeder Stufe kommt nur 1 Ast zur Abzweigung. Bemerkenswert ist die geringe Anzahl der Ährchen. Sie schwankte zwischen 4 und 11. Im einzelnen:

Gesamtährchenzahl	4:	10 mal
„	5:	18 „
„	6:	7 „
„	7:	11 „
„	8:	2 „
„	9:	1 „
„	11:	1 „

Von den insgesamt 243 Ästen bildeten 201 eine einfache Traube und 42 eine aus nur 2 Ährchen bestehende Doppeltraube. Triodia decumbens besitzt hiernach einen traubigen Blütenstand, in welchem der Anteil der einfachen Traube mit 82,7 v. H. überwiegt.

Der landwirtschaftliche Wert des Dreizackes ist ein sehr geringer, da das Gras sich fast nur auf mageren, sandigen, moorigen Orten vorfindet und hier ärmliche, zerstreute Horste mit wenig Pflanzenmasse bildet. Im Felde und auf der guten Wiese fehlt es vollkommen. Schwach ausgebildete Traubentrespe, Bromus racemosus, bietet Gelegenheit zu Verwechslungen mit dem Dreizahn. Zur Auseinanderhaltung dienen die nachstehenden Kennzeichen:

Triodia[1]	Bromus racemosus
Grannen: unbegrannt.	vorhanden, von Spelzenlänge.
Abästungen: nur eine.	Am Grunde zumeist mehr, als eine
Ährchenspelzen: zugespitzt, nur ein Mittelnerv.	etwas bauchig, breitwinkelig endend, 5—7 Längsnerven.
Gut ausgebildete Pflanze	Schwach ausgebildete Pflanze
Stufe 6 o 1 Ährchen	Stufe 4 o 1 Ährchen
„ 5 o 1 „	„ 3 o 1 „
„ 4 o 1 „	„ 2 o 1 „
„ 3 oo 2 „	„ 1 o 1 „
„ 2 oo 2 „	
„ 1 oo 2 „	
Zahl der Stufen: 6.	Zahl der Stufen: 4.
„ „ Äste: 6.	„ „ Äste: 4.
„ „ Ährchen: 9.	„ „ Ährchen: 4.
Äste mit einfachen Trauben: 3.	Äste mit einfachen Trauben: 4.
„ „ Doppeltrauben: 3.	„ „ Doppeltrauben: 0.
„ „ echten Rispen: 0.	„ „ echten Rispen: 0.

Trisetum. Goldhafer. Dreiborst.

Gute Arten	Von minderem oder umstrittenem Werte	Ungräser
Flavescens.	—	—

Ursprünglich mit der Gattung Avena vereint hat der Goldhafer durch die ganze Tracht seines Blütenzustandes, durch die geringe

Abb. 69. Trisetum flavescens. Ein Ährchen.

Größe (0,2—0,6 cm) und die große Anzahl der Ährchen (88—527) im Blütenstande und durch das Fehlen der Grannendrehung Anlaß zur

Errichtung einer eigenen Gattung gegeben. Der Blütenstand bildet eine echte Rispe, ebenfalls im Gegensatz zu Avena. Das oberste Blatt ist halb so lang wie die Blattscheide. Die Blütenstandslänge bewegt sich zwischen 5,2 und 13,0 cm, im Mittel betrug sie bei 50 Pflanzen 9,4 cm. Nicht selten leidet der Goldhafer unter dem Befall mit Schwielenälchen, Tylenchus triseti, und zeigt dann hexenbesenartige Zusammenballungen der Seitenäste.

Gut ausgebildete Pflanze:

Stufe 18	1	1	Ährchen
„ 17	1	1	„
„ 16	1	1	„
„ 15	1	1	„
	1		
„ 14	1	2	„
„ 13	2	3	„
	2		
„ 12	3	5	„
	1		
	2		
„ 11	7	7	„
	1		
	1		
	1		
	2		
„ 10	5	10	„
	2		
	2		
	3		
	3		
.. 9	7 r	17	„
	3		
	3		
	3		
	4		
„ 8	13 r	26	„
	4		
	5		
	5		
	6		
„ 7	13 r	33	„
	3		
	5		
	10 r		
	11 r		
„ 6	18 r	47	„

	3		
	5		
	5 r		
	8		
	14 r		
Stufe 5	19 r	54	Ährchen
	3		
	5 r		
	6 r		
	8 r		
	16 r		
	17 r		
„ 4	33 r	88	„
	4 r		
	6 r		
	6 r		
	16 r		
	20 r		
„ 3	22 r	74	„
	3		
	4		
	5 r		
	5 r		
	5 r		
	5 r		
	5 r		
	7 r		
	7 r		
	10 r		
„ 2	40 r	96	„
	2		
	3		
	5 r		
	6 r		
	7 r		
	11 r		
	15 r		
„ 1	29 r	78	„

Zahl der Stufen: 18.
„ „ Äste: 76.
„ „ Ährchen: 544.

Zahl der einfachen Trauben: 11.
„ „ Doppeltrauben: 29.
„ „ echten Rispen: 36.

Schwach ausgebildete Pflanze:

Stufe 12	o	1 Ährchen	
„ 11	o	1	„
„ 10	o	1	„
	o		
„ 9	o	2	„
	o		
„ 8	oo	3	„
	o		
	oo		
„ 7	oo	5	„
	o		
	o		
	oo		
„ 6	ooo	7	„
	o		
	o		
	oo		
	oo		
„ 5	ooooo	11	„
	oo		
	oo		
	oo		
	ooo		
Stufe 4	ooooo	14 Ährchen	
	oo		
	oo		
	ooo		
	ooo		
„ 3	ooooo	15	„
	oo		
	ooo		
	ooo		
	oooo		
„ 2	ooooo	17	„
	ooo		
	ooo		
„ 1	oooooo r	12	„

Zahl der Stufen: 12. der Äste: 37, der Ährchen: 89, der einfachen Trauben: 11, der Doppeltrauben: 25, der echten Rispen: 1.

Verzeichnis der Doppelbenennungen.

Agropyrum	Triticum
Agrostis spica venti	Apera sp. v.
Aira	Deschampsia
Ammophila	Psamma
Arundo	Phragmites, Calamagrostis
Apera	Agrostis
Arrhenatherum	Avena
Atropis distans	Glyceria distans
Avena elatior	Arrhenatherum elatius
Avena flavescens	Trisetum flavescens
Baldingera	Digraphis, Phalaris
Catabrosa	Glyceria
Corynephorus	Weingärtneria
Danthonia	Triodia
Deschampsia	Aira
Digitaria	Panicum
Digraphis	Phalaris
Echinochloa	Panicum
Glyceria	Atropis, Catabrosa
Panicum crus galli	Echinochloa cr. g.
Panicum sanguinale	Digitaria s.
Phalaris	Digraphis, Baldingera
Phragmites	Arundo
Psamma	Ammophila
Sieglingia	Triodia
Triodia	Danthonia, Sieglingia
Triticum repens	Agropyrum repens
Triticum canium	Agropyrum caninum
Weingärtneria	Corynephorus.

Sachregister.